1+X 职业技能鉴定考核指导手册

化妆师

（第2版）

五级

编审委员会

主　　任　仇朝东

委　　员　葛恒双　顾卫东　宋志宏　杨武星　孙兴旺
　　　　　刘汉成　葛　玮

执行委员　孙兴旺　张鸿樑　李　晔　瞿伟洁　张晓燕

中国劳动社会保障出版社

图书在版编目（CIP）数据

化妆师：五级/上海市职业技能鉴定中心组织编写. —2 版. —北京：中国劳动社会保障出版社，2013

1+X 职业技能鉴定考核指导手册

ISBN 978-7-5167-0280-2

Ⅰ.①化…　Ⅱ.①上…　Ⅲ.①化妆-职业技能-鉴定-自学参考资料　Ⅳ.①TS974.1

中国版本图书馆 CIP 数据核字（2013）第 043891 号

中国劳动社会保障出版社出版发行

（北京市惠新东街1号　邮政编码：100029）

出版人：张梦欣

*

北京市艺辉印刷有限公司印刷装订　新华书店经销

787毫米×960毫米　16开本　6.75印张　109千字

2013年7月第2版　　2016年10月第5次印刷

定价：15.00元

读者服务部电话：（010）64929211/64921644/84626437

营销部电话：（010）64961894

出版社网址：http://www.class.com.cn

前　言

职业资格证书制度的推行，对广大劳动者系统地学习相关职业的知识和技能，提高就业能力、工作能力和职业转换能力有着重要的作用和意义，也为企业合理用工以及劳动者自主择业提供了依据。

随着我国科技进步、产业结构调整以及市场经济的不断发展，特别是加入世界贸易组织以后，各种新兴职业不断涌现，传统职业的知识和技术也愈来愈多地融进当代新知识、新技术、新工艺的内容。为适应新形势的发展，优化劳动力素质，上海市人力资源和社会保障局在提升职业标准、完善技能鉴定方面做了积极的探索和尝试，推出了1+X培训鉴定模式。1+X中的1代表国家职业标准，X是为适应上海市经济发展的需要，对职业标准进行的提升，包括了对职业的部分知识和技能要求进行的扩充和更新。上海市1+X的培训鉴定模式，得到了国家人力资源和社会保障部的肯定。

为配合上海市开展的1+X培训与鉴定考核的需要，使广大职业培训鉴定领域专家以及参加职业培训鉴定的考生对考核内容和具体考核要求有一个全面的了解，人力资源和社会保障部教材办公室、中国就业培训技术指导中心上海分中心、上海市职业技能鉴定中心联合组织有关方面的专家、技术人员共同编写了《1+X职业技能鉴定考核指导手册》。该手册由“理论知识复习题”“操作技能复习题”和“理论知识模拟试卷及操作技能模拟试卷”三大块内容组成，书中介绍了题库的命题依据、试卷结构和题型题量，同时从上海市1＋X鉴定题库中抽取部分理论知识题、操作技能试题和模拟样卷供考生参考和练习，便于考生能够有针对性地进行考前复习准备。今后我们会随着国家职业标准以及鉴定题库的提升，逐步对手册内容进行补充和完善。

本系列手册在编写过程中，得到了有关专家和技术人员的大力支持，在此一并表示感谢。

由于时间仓促，缺乏经验，如有不足之处，恳请各使用单位和个人提出宝贵意见和建议。

1＋X职业技能鉴定考核指导手册
编审委员会

改版说明

1＋X职业技能鉴定考核指导手册《化妆师（五级）》自2009年出版以来深受从业人员的欢迎，在化妆师（五级）职业资格鉴定、职业技能培训和岗位培训中发挥了很大的作用。

随着我国科技进步、产业结构调整、市场经济的不断发展，新的国家和行业标准的相继颁布和实施，对化妆师（五级）的职业技能提出了新的要求。2012年上海市职业技能鉴定中心组织有关方面的专家和技术人员，对化妆师（五级）的鉴定考核题库进行了提升，计划于2013年公布使用，并按照新的化妆师（五级）职业技能鉴定考核题库对指导手册进行了改版，以便更好地为参加培训鉴定的学员和广大从业人员服务。

目　录

CONTENTS　1+X职业技能鉴定考核指导手册

化妆师职业简介

一、职业名称

化妆师。

二、职业定义

能正确选择并利用各种化妆材料，用熟练的化妆手段与方法，根据用途以化妆对象自身条件为基础，进行改变或美化其外貌，从而塑造各种人物形象的人员。

三、主要工作内容

从事的工作主要包括：（1）塑造生活淡妆、生活时尚妆；（2）能用色彩和素描的形式塑造表演及相关领域基础化妆（宴会妆、婚礼妆、模特妆）；（3）造型化妆（影像妆、年龄妆、年代妆）。

第1部分

化妆师（五级）鉴定方案

一、鉴定方式

化妆师（五级）的鉴定方式分为理论知识考试和操作技能考核。理论知识考试采用闭卷计算机机考方式，操作技能考核采用现场实际操作方式。理论知识考试和操作技能考核均实行百分制，成绩皆达60分及以上者为合格。理论知识或操作技能不及格者可按规定分别补考。

二、理论知识考试方案（考试时间90 min）

题库参数 / 题型	考试方式	鉴定题量	分值（分/题）	配分（分）
判断题	闭卷机考	60	0.5	30
单项选择题		70	1	70
小计	—	130	—	100

三、操作技能考核方案

考核项目表

<table>
<tr><td colspan="2">职业（工种）名称</td><td colspan="2">化妆师</td><td rowspan="2">等级</td><td colspan="3" rowspan="2">五级</td></tr>
<tr><td colspan="2">职业代码</td><td colspan="2"></td></tr>
<tr><td>序号</td><td>项目名称</td><td>单元
编号</td><td>单元内容</td><td>考核
方式</td><td>选考
方法</td><td>考核时间
（min）</td><td>配分
（分）</td></tr>
<tr><td>1</td><td>彩妆设计稿</td><td>1</td><td>眉眼彩妆设计稿</td><td>操作</td><td>必考</td><td>40</td><td>20</td></tr>
<tr><td rowspan="2">2</td><td rowspan="2">化妆造型</td><td>1</td><td>生活职业妆</td><td>操作</td><td>必考</td><td>40</td><td>35</td></tr>
<tr><td>2</td><td>生活时尚妆</td><td>操作</td><td>必考</td><td>50</td><td>45</td></tr>
<tr><td colspan="6">合计</td><td>130</td><td>100</td></tr>
<tr><td>备注</td><td colspan="7">1. 生活时尚妆完成后，需进行主题说明，所用时间计入评分时间
2. 绘画用具不限</td></tr>
</table>

第2部分

鉴定要素细目表

职业（工种）名称					化妆师	等级：五级
职业代码						
序号	鉴定点代码				鉴定点内容	备注
	章	节	目	点		
	1				中国化妆简史	
	1	1			中国化妆史概述	
	1	1	1		中国化妆史概述	
1	1	1	1	1	中国化妆史概述	
	1	2			古代化妆的局部修饰	
	1	2	1		眉的描述	
2	1	2	1	1	眉的描述	
	1	2	2		面部的修饰	
3	1	2	2	1	面部的修饰	
	1	2	3		唇的刻画	
4	1	2	3	1	唇的刻画	
	1	2	4		妆型特色	
5	1	2	4	1	妆型特色	
	2				化妆师的职业素养	
	2	1			职业道德	
	2	1	1		职业道德	
6	2	1	1	1	职业道德	

续表

职业（工种）名称					化妆师	等级	五级
职业代码							
序号	鉴定点代码				鉴定点内容		备注
	章	节	目	点			
	2	1	2		化妆师的职业道德和品德		
7	2	1	2	1	化妆师的职业道德		
8	2	1	2	2	化妆师应具备的良好品德		
	2	2			化妆师的礼仪		
	2	2	1		礼仪的概念		
9	2	2	1	1	礼仪的含义		
10	2	2	1	2	礼仪的特点		
	2	2	2		礼仪的作用		
11	2	2	2	1	礼仪与人的交往		
12	2	2	2	2	礼仪与公众形象		
13	2	2	2	3	礼仪与国际交往		
14	2	2	2	4	礼仪与文明水平		
	2	2	3		化妆师的礼仪		
15	2	2	3	1	化妆师的体姿礼仪		
16	2	2	3	2	化妆师的动作礼仪		
	2	3			化妆师的人际沟通与交流		
	2	3	1		化妆师的人际沟通与交流		
17	2	3	1	1	化妆师人际沟通与交流中自我形象的树立		
18	2	3	1	2	化妆师人际沟通与交流中的语言艺术		
19	2	3	1	3	化妆师人际沟通与交流中的体态语言		
20	2	3	1	4	化妆师人际沟通与交流中的表情语言		
	3				生活妆的工具与材料		
	3	1			化妆品的选择与使用		
	3	1	1		化妆品的选择与使用		
21	3	1	1	1	粉底的种类与选择		
22	3	1	1	2	粉底的使用		

续表

职业（工种）名称					化妆师	等级	五级
职业代码							
序号	鉴定点代码				鉴定点内容		备注
	章	节	目	点			
23	3	1	1	3	蜜粉的种类与使用		
24	3	1	1	4	腮红的种类与使用		
25	3	1	1	5	眼影的种类与选择		
26	3	1	1	6	眼影的使用		
27	3	1	1	7	眼线笔、眼线膏、眼线液的使用		
28	3	1	1	8	眉笔、眉粉的使用		
29	3	1	1	9	唇线笔的选择与使用		
30	3	1	1	10	唇膏、唇彩的选择与使用		
31	3	1	1	11	睫毛膏的种类、选择与使用		
	3	2			化妆工具的选择与使用		
	3	2	1		常用化妆工具的选择与使用		
32	3	2	1	1	化妆海绵		
33	3	2	1	2	粉扑		
34	3	2	1	3	化妆刷的种类		
35	3	2	1	4	化妆刷的选择与使用		
36	3	2	1	5	修眉工具的种类		
37	3	2	1	6	修眉工具的选择与使用		
38	3	2	1	7	睫毛夹		
	3	2	2		假睫毛和美目贴的选择与使用		
39	3	2	2	1	假睫毛的种类		
40	3	2	2	2	假睫毛的选择与使用		
41	3	2	2	3	美目贴的种类		
42	3	2	2	4	美目贴的选择与使用		
	4				绘画基础理论与化妆		
	4	1			素描		
	4	1	1		素描的基础知识		

续表

<table>
<tr><td colspan="5">职业（工种）名称</td><td>化妆师</td><td rowspan="2">等级</td><td rowspan="2">五级</td></tr>
<tr><td colspan="5">职业代码</td><td></td></tr>
<tr><td rowspan="2">序号</td><td colspan="4">鉴定点代码</td><td colspan="2" rowspan="2">鉴定点内容</td><td rowspan="2">备注</td></tr>
<tr><td>章</td><td>节</td><td>目</td><td>点</td></tr>
<tr><td>43</td><td>4</td><td>1</td><td>1</td><td>1</td><td colspan="2">素描的基本原理</td><td></td></tr>
<tr><td>44</td><td>4</td><td>1</td><td>1</td><td>2</td><td colspan="2">素描的工具和材料</td><td></td></tr>
<tr><td>45</td><td>4</td><td>1</td><td>1</td><td>3</td><td colspan="2">素描的表现方法</td><td></td></tr>
<tr><td></td><td>4</td><td>1</td><td>2</td><td></td><td colspan="2">石膏几何体绘画表现</td><td></td></tr>
<tr><td>46</td><td>4</td><td>1</td><td>2</td><td>1</td><td colspan="2">石膏几何体绘画表现</td><td></td></tr>
<tr><td></td><td>4</td><td>1</td><td>3</td><td></td><td colspan="2">石膏五官的绘画表现</td><td></td></tr>
<tr><td>47</td><td>4</td><td>1</td><td>3</td><td>1</td><td colspan="2">石膏五官的绘画表现</td><td></td></tr>
<tr><td></td><td>4</td><td>1</td><td>4</td><td></td><td colspan="2">头部形态的绘画表现</td><td></td></tr>
<tr><td>48</td><td>4</td><td>1</td><td>4</td><td>1</td><td colspan="2">头部的基本比例</td><td></td></tr>
<tr><td>49</td><td>4</td><td>1</td><td>4</td><td>2</td><td colspan="2">头部的基本结构</td><td></td></tr>
<tr><td></td><td>4</td><td>2</td><td></td><td></td><td colspan="2">色彩</td><td></td></tr>
<tr><td></td><td>4</td><td>2</td><td>1</td><td></td><td colspan="2">色彩的基础知识</td><td></td></tr>
<tr><td>50</td><td>4</td><td>2</td><td>1</td><td>1</td><td colspan="2">色彩的生成</td><td></td></tr>
<tr><td>51</td><td>4</td><td>2</td><td>1</td><td>2</td><td colspan="2">色彩的分类</td><td></td></tr>
<tr><td>52</td><td>4</td><td>2</td><td>1</td><td>3</td><td colspan="2">色彩的三要素</td><td></td></tr>
<tr><td>53</td><td>4</td><td>2</td><td>1</td><td>4</td><td colspan="2">色彩三原色、三间色、复色</td><td></td></tr>
<tr><td>54</td><td>4</td><td>2</td><td>1</td><td>5</td><td colspan="2">色彩的固有色、环境色、光源色</td><td></td></tr>
<tr><td>55</td><td>4</td><td>2</td><td>1</td><td>6</td><td colspan="2">色调</td><td></td></tr>
<tr><td></td><td>4</td><td>3</td><td></td><td></td><td colspan="2">色彩搭配、运用及定位</td><td></td></tr>
<tr><td></td><td>4</td><td>3</td><td>1</td><td></td><td colspan="2">色彩搭配</td><td></td></tr>
<tr><td>56</td><td>4</td><td>3</td><td>1</td><td>1</td><td colspan="2">常用色彩搭配</td><td></td></tr>
<tr><td>57</td><td>4</td><td>3</td><td>1</td><td>2</td><td colspan="2">化妆中的常用色彩及搭配</td><td></td></tr>
<tr><td></td><td>4</td><td>3</td><td>2</td><td></td><td colspan="2">眼影、腮红、唇的色彩运用与搭配</td><td></td></tr>
<tr><td>58</td><td>4</td><td>3</td><td>2</td><td>1</td><td colspan="2">眼影的色彩运用</td><td></td></tr>
<tr><td>59</td><td>4</td><td>3</td><td>2</td><td>2</td><td colspan="2">眼影色与妆面的搭配</td><td></td></tr>
<tr><td>60</td><td>4</td><td>3</td><td>2</td><td>3</td><td colspan="2">腮红与妆面的搭配</td><td></td></tr>
</table>

续表

职业（工种）名称					化妆师	等级	五级
职业代码							
序号	鉴定点代码				鉴定点内容		备注
	章	节	目	点			
61	4	3	2	4	唇色与妆面的搭配		
	4	3	3		色彩定位		
62	4	3	3	1	色彩定位		
	5				生活化妆的基础知识		
	5	1			生活化妆的基本概念及特点		
	5	1	1		生活化妆的定义		
63	5	1	1	1	生活化妆的定义		
	5	1	2		生活化妆的特点		
64	5	1	2	1	生活化妆的特点		
	5	2			生活化妆的基本审美依据		
	5	2	1		皮肤		
65	5	2	1	1	肤色		
66	5	2	1	2	肤色的修饰		
67	5	2	1	3	肤质		
	5	2	2		脸形		
68	5	2	2	1	脸形的种类		
69	5	2	2	2	标准脸形		
70	5	2	2	3	不同脸形的特征		
	5	2	3		面部比例		
71	5	2	3	1	面部比例概述		
72	5	2	3	2	长的比例		
73	5	2	3	3	宽的比例		
	5	2	4		立体结构		
74	5	2	4	1	凹陷的面		
75	5	2	4	2	凸出的面		
	5	3			生活化妆的基本步骤		

续表

职业（工种）名称					化妆师	等级	五级
职业代码							
序号	鉴定点代码				鉴定点内容		备注
	章	节	目	点			
	5	3	1		洁肤、润肤		
76	5	3	1	1	洁肤、润肤		
	5	3	2		整体构想		
77	5	3	2	1	妆前整体构想		
78	5	3	2	2	分析脸形		
	5	3	3		底色的修饰		
79	5	3	3	1	遮瑕		
80	5	3	3	2	选择遮瑕膏		
81	5	3	3	3	底色的涂抹		
	5	3	4		定妆		
82	5	3	4	1	定妆		
	5	3	5		五官及局部的刻画		
83	5	3	5	1	眉的化妆		
84	5	3	5	2	眉的修饰		
85	5	3	5	3	眉的描画		
86	5	3	5	4	眼的化妆		
87	5	3	5	5	眼影的修饰		
88	5	3	5	6	眼线的描画		
89	5	3	5	7	睫毛的修饰		
90	5	3	5	8	鼻的化妆		
91	5	3	5	9	鼻形的修饰		
92	5	3	5	10	唇的化妆		
93	5	3	5	11	唇色的修饰		
94	5	3	5	12	腮红的修饰		
	5	4			常见脸形的修正		
	5	4	1		圆形脸形		

续表

职业（工种）名称 职业代码					化妆师	等级	五级
序号	鉴定点代码				鉴定点内容	备注	
	章	节	目	点			
95	5	4	1	1	脸形和发型搭配		
96	5	4	1	2	粉底的修饰		
97	5	4	1	3	眉的修饰		
98	5	4	1	4	眼影的修饰		
99	5	4	1	5	眼线的修饰		
100	5	4	1	6	睫毛的修饰		
101	5	4	1	7	腮红的修饰		
102	5	4	1	8	唇形的修饰		
	5	4	2		方形脸形		
103	5	4	2	1	脸形和发型搭配		
104	5	4	2	2	粉底的修饰		
105	5	4	2	3	眉与鼻的修饰		
106	5	4	2	4	眼影的修饰		
107	5	4	2	5	眼线的修饰		
108	5	4	2	6	睫毛的修饰		
109	5	4	2	7	腮红的修饰		
110	5	4	2	8	唇形的修饰		
	5	4	3		长形脸形		
111	5	4	3	1	脸形和发型搭配		
112	5	4	3	2	粉底的修饰		
113	5	4	3	3	眉与鼻的修饰		
114	5	4	3	4	眼影的修饰		
115	5	4	3	5	眼线的修饰		
116	5	4	3	6	睫毛的修饰		
117	5	4	3	7	腮红的修饰		
118	5	4	3	8	唇形的修饰		

续表

职业（工种）名称					化妆师	等级	五级
职业代码							
序号	鉴定点代码				鉴定点内容	备注	
	章	节	目	点			
	5	4	4		正三角形脸形		
119	5	4	4	1	脸形和发型搭配		
120	5	4	4	2	粉底的修饰		
121	5	4	4	3	眉与鼻的修饰		
122	5	4	4	4	眼影的修饰		
123	5	4	4	5	眼线的修饰		
124	5	4	4	6	睫毛的修饰		
125	5	4	4	7	腮红的修饰		
126	5	4	4	8	唇形的修饰		
	5	4	5		倒三角形脸形		
127	5	4	5	1	脸形和发型搭配		
128	5	4	5	2	粉底的修饰		
129	5	4	5	3	眉与鼻的修饰		
130	5	4	5	4	眼影的修饰		
131	5	4	5	5	眼线的修饰		
132	5	4	5	6	睫毛的修饰		
133	5	4	5	7	腮红的修饰		
134	5	4	5	8	唇形的修饰		
	5	4	6		菱形脸形		
135	5	4	6	1	脸形和发型搭配		
136	5	4	6	2	粉底的修饰		
137	5	4	6	3	眉与鼻的修饰		
138	5	4	6	4	眼影的修饰		
139	5	4	6	5	眼线的修饰		
140	5	4	6	6	睫毛的修饰		
141	5	4	6	7	腮红的修饰		

续表

职业（工种）名称					化妆师	等级	五级
职业代码							
序号	鉴定点代码				鉴定点内容		备注
	章	节	目	点			
142	5	4	6	8	唇形的修饰		
	5	5			五官的局部修正		
	5	5	1		眉形的修正		
143	5	5	1	1	标准眉形		
144	5	5	1	2	两眉距过近的修正		
145	5	5	1	3	两眉距过宽的修正		
146	5	5	1	4	眉过上斜的修正		
147	5	5	1	5	眉过下垂的修正		
148	5	5	1	6	眉过粗短的修正		
149	5	5	1	7	眉散乱的修正		
150	5	5	1	8	眉残缺的修正		
	5	5	2		眼形的修正		
151	5	5	2	1	标准眼形		
152	5	5	2	2	两眼距过近的修正		
153	5	5	2	3	两眼距过宽的修正		
154	5	5	2	4	眼过上斜的修正		
155	5	5	2	5	眼过下垂的修正		
156	5	5	2	6	眼过细长的修正		
157	5	5	2	7	眼过圆的修正		
158	5	5	2	8	眼过小的修正		
159	5	5	2	9	眼过肿的修正		
	5	5	3		鼻形的修正		
160	5	5	3	1	标准鼻形		
161	5	5	3	2	鼻过塌的修正		
162	5	5	3	3	鹰钩鼻的修正		
163	5	5	3	4	鼻过短的修正		

续表

职业（工种）名称					化妆师	等级	五级
职业代码							
序号	鉴定点代码				鉴定点内容		备注
	章	节	目	点			
164	5	5	3	5	小尖鼻的修正		
165	5	5	3	6	鼻过长的修正		
166	5	5	3	7	鼻过宽的修正		
167	5	5	3	8	鼻过窄的修正		
	5	5	4		唇形的修正		
168	5	5	4	1	标准唇形		
169	5	5	4	2	唇过厚		
170	5	5	4	3	唇过厚的修正		
171	5	5	4	4	唇过薄的修正		
172	5	5	4	5	唇角下垂的修正		
173	5	5	4	6	唇凸起的修正		
174	5	5	4	7	唇过平的修正		
	6				不同妆型的特点与化妆技巧		
	6	1			生活淡妆		
	6	1	1		生活淡妆的特点和表现方法		
175	6	1	1	1	妆面特点		
176	6	1	1	2	表现方法		
177	6	1	1	3	不同年龄女性的生活淡妆		
178	6	1	1	4	操作要求		
	6	2			宴会妆		
	6	2	1		宴会妆的特点和表现方法		
179	6	2	1	1	妆面特点		
180	6	2	1	2	表现方法		
181	6	2	1	3	不同气质的宴会妆		
182	6	2	1	4	操作要求		
	6	3			婚礼妆		

续表

职业（工种）名称					化妆师	等级	五级
职业代码							
序号	鉴定点代码				鉴定点内容	备注	
	章	节	目	点			
	6	3	1		婚礼妆的特点和表现方法		
183	6	3	1	1	妆面特点		
184	6	3	1	2	表现方法		
185	6	3	1	3	新郎妆的表现方法		
186	6	3	1	4	操作要求		
	6	4			生活时尚妆		
	6	4	1		生活时尚妆的特点和表现方法		
187	6	4	1	1	妆面特点		
188	6	4	1	2	表现方法		
189	6	4	1	3	不同生活时尚妆的要点		
190	6	4	1	4	操作要求		
	7				相关造型理论的基础知识		
	7	1			发型与化妆		
	7	1	1		发式造型工具与产品		
191	7	1	1	1	发式造型工具的选择和使用		
192	7	1	1	2	发色与整体形象的关系		
193	7	1	1	3	发式造型产品的选择和使用		
194	7	1	1	4	发质特征及护理方法		
195	7	1	1	5	发色与肤色的关系		
	7	1	2		盘（束）发的梳理		
196	7	1	2	1	盘（束）发的种类		
197	7	1	2	2	盘（束）发的要求		
198	7	1	2	3	盘（束）发的基本手法		
	7	1	3		吹发造型		
199	7	1	3	1	直发类		
200	7	1	3	2	短发类		

续表

职业（工种）名称					化妆师	等级	五级
职业代码							
序号	鉴定点代码				鉴定点内容		备注
	章	节	目	点			
201	7	1	3	3	中长发类		
202	7	1	3	4	长发类		
203	7	1	3	5	卷发类		
204	7	1	3	6	吹发造型技巧		
205	7	1	3	7	吹发造型注意事项		
	7	2			服饰与化妆		
	7	2	1		服装的基础知识		
206	7	2	1	1	服装设计的三个基本要素		
207	7	2	1	2	服装的定义		
208	7	2	1	3	服装的分类		
209	7	2	1	4	服装的选择与应用		
210	7	2	1	5	服饰搭配		
	7	2	2		服饰配件的基础知识		
211	7	2	2	1	服饰配件的定义		
212	7	2	2	2	服饰配件的分类		
213	7	2	2	3	服饰配件的选择与应用		
	7	2	3		服饰色彩与化妆		
214	7	2	3	1	服装色彩与化妆		
215	7	2	3	2	服饰配件色彩与化妆		

第3部分

理论知识复习题

中国化妆简史

一、判断题（将判断结果填入括号中。正确的填“√”，错误的填“×”）

1. 南朝时出现一种“北苑妆”，将大小形态各异的茶油花子贴在额头上。（　）

2. 清朝妇女以丰满为美。（　）

3. 古代的“月棱眉”又称为小山眉。（　）

4. 远山眉源于两汉时期。（　）

5. 中国古代女子通常以偏白肤色为美。（　）

6. 古代女子点唇的样式，一般以较小、清爽为美。（　）

二、单项选择题（选择一个正确的答案，将相应的字母填入题内的括号中）

1. “粉白墨黑”是形容中国古代女子（　）。

A. 喜好书法　　B. 敷面画眉

C. 皮肤白、头发黑　　D. 穿衣色彩

2. 杨贵妃使用“匀面”和“润发”，使皮肤光泽嫩白，头发乌黑有香气，其中“匀面”是指（　）。

A. 胭脂　　B. 增白霜　　C. 蜜粉　　D. 米粉

3. 中国古代以“黛”画眉，“黛”是（　）色。

A. 红　　B. 绿　　C. 棕　　D. 黑

4. 古代面饰中贴在脸部的花形叫作（ ）。

A. 花钿　　B. 额钿　　C. 靥钿　　D. 面钿

5. 被称为“泪妆”的妆容流行于我国（ ）代。

A. 元　　B. 唐　　C. 宋　　D. 汉

6. 古代所谓点唇，是为了造成一种（ ）。

A. 错觉　　B. 视觉　　C. 感觉　　D. 嗅觉

化妆师的职业素养

一、判断题（将判断结果填入括号中。正确的填“√”，错误的填“×”）

1. 道德的存在不依靠社会舆论，而是靠人们内心的信念力量。（ ）
2. 自由职业化妆师可不遵守化妆师的职业道德。（ ）
3. 化妆师的职业道德是本行业人员在职业活动中的行为规范。（ ）
4. 对所有顾客都要友善、礼貌、热情、诚恳、公平，不可厚此薄彼。（ ）
5. 礼仪中“仪”的三层意思是容貌和外表、仪式和礼节、标准和法度。（ ）
6. 在中文里，最早的“礼”和“仪”是分开使用的。（ ）
7. 要促使礼仪简便易行，言之有物是最佳选择。（ ）
8. 礼仪使生活更有秩序，使人际关系更为和谐。（ ）
9. 礼仪的产生和存在需要外力的帮助。（ ）
10. 举止得体、以礼待人才能赢得公众的好感和尊重。（ ）
11. 良好的交往形象需要精心设计。（ ）
12. 模式化的礼貌礼节适用于国际交往。（ ）
13. 一个具有良好文明修养的民族，必定是一个讲礼仪、懂礼貌的民族。（ ）
14. 化妆师坐姿的基本要求是：坐如“钟”。（ ）
15. 化妆师站立时，双脚应呈“八”字形。（ ）
16. 招手礼必须是左手高举过顶，掌心向前，左右摆动。（ ）
17. 化妆师工作中应保持仪表整洁大方，穿着打扮得体、华丽。（ ）

18. 化妆师是美的创造者、描绘者之一，自身应该做到无论是从形象上还是从气质上都向人展示一种赏心悦目的美，一种充满感染力的美，一种值得信赖的美。（　）

二、单项选择题（选择一个正确的答案，将相应的字母填入题内的括号中）

1. 道德泛指人们的行为应当遵循的原则和（　）。
A. 社会关系　B. 标准　C. 规范　D. 准则

2. 职业道德是一般道德和阶级道德在（　）中的体现。
A. 生活　B. 人际关系　C. 特殊场合　D. 职业生活

3. 职业道德是行业人员在职业活动中对社会所负的道德责任与（　）。
A. 权利　B. 义务　C. 道德规范　D. 道德观念

4. 言而有信、（　）是良好德行及优良职业行为的表现。
A. 负责尽职　B. 亲切服务　C. 高雅谈吐　D. 尊重他人

5. 化妆师要乐于学习，（　），提高气质。
A. 信心十足　B. 举止高雅　C. 内涵丰富　D. 心智健全

6. 礼仪是人类不断摆脱野蛮、愚昧，逐渐走向文明的（　）和见证。
A. 捷径　B. 过程　C. 标志　D. 举止

7. 礼仪有五性：时代性、（　）、具体性、操作性和理智性。
A. 规范性　B. 地域性　C. 根本性　D. 实质性

8. 化妆师自身形象非常重要，是个人形象、从业形象以及企业形象的（　）。
A. 结合　B. 表现　C. 体现　D. 综合

9. 语言是人与人之间用来表达思想、交流感情的一种（　）工具。
A. 特殊　B. 常用　C. 沟通　D. 传播

10. 礼仪是（　）文明的标志。
A. 家庭　B. 树立　C. 评定　D. 公共场所

11. 每个社会成员都要加强礼仪修养，（　），和谐相处。
A. 互谅互让　B. 互帮互助　C. 礼貌待人　D. 文明举止

12. 国际形象礼仪包括服装、发饰、妆容、（　）、动作、手势等。
A. 微笑　B. 言谈　C. 表情　D. 仪表

13. 礼仪能促进文化的延续和（ ）的提高。

A. 良好文明 B. 优良品格 C. 文明水准 D. 诚实信誉

14. 穿西装的走姿应体现穿着者的（ ）和优雅风度。

A. 挺拔 B. 舒适 C. 自然 D. 职业

15. 手势是最具表现力的（ ）。

A. 举止 B. 姿势 C. 手部动作 D. 体态语言

16. 在正式的社交场合，与对方的近段社交距离应保持在（ ）m之间。

A. 1.2～2.1 B. 1.5～2 C. 2.1～3.6 D. 1.8～3.1

生活妆的工具与材料

一、判断题（将判断结果填入括号中。正确的填“√”，错误的填“×”）

1. 亚洲人较不适合的粉底色是发红的颜色。（ ）
2. 生活中适合油性皮肤和补妆用的粉底是遮瑕膏。（ ）
3. 遮瑕膏主要用于局部修饰。（ ）
4. 最适合表现妆面华丽、光彩感的定妆粉是荧光散粉。（ ）
5. 膏状腮红较适合皮肤偏干者在定妆前使用。（ ）
6. 腮红的颜色应与口红、眼影色形成对比效果。（ ）
7. 美容化妆中最常用的眼影是粉状眼影。（ ）
8. 美目贴是透明或半透明的黏性胶带。（ ）
9. 因为用眼线液画眼线不易脱妆，所以最适合生活妆。（ ）
10. 为了使假睫毛显得自然，可使用完整型假睫毛。（ ）
11. 为了不损伤皮肤，眉笔笔芯越软越好。（ ）
12. 化生活妆时也可选用蓝色唇膏。（ ）
13. 牙齿发黄的女性适合选用棕红色唇膏。（ ）
14. 自然清爽型睫毛膏不易变花，可增加睫毛的自然卷翘度。（ ）
15. 化妆海绵应以密度小、质地硬为宜。（ ）

16. 唇线笔笔芯可选择质地较硬的。（ ）
17. 粉扑反面的宽带主要起到装饰作用。（ ）
18. 扇形刷主要用于刷胭脂。（ ）
19. 修容刷主要用于调整脸形。（ ）
20. 眼线刷是尖头刷，是供画细致眼线所用的专用刷。（ ）
21. 镊子可以连根拔除眉毛。（ ）
22. 为了不损伤皮肤，拔眉镊子最好不选择斜头的。（ ）
23. 夹卷局部睫毛应使用小睫毛夹。（ ）

二、单项选择题（选择一个正确的答案，将相应的字母填入题内的括号中）

1. 粉底液适合（ ）皮肤使用。
A. 油性 B. 干性 C. 混合性 D. 敏感性
2. 生活化妆中，打粉底时选择的颜色应（ ）。
A. 越白越好 B. 接近肤色 C. 偏深 D. 偏浅
3. 下列粉底中，相对来讲遮盖力最差的是（ ）。
A. 粉饼 B. 遮瑕膏 C. 粉底霜 D. 粉条
4. 最适合表现女性妆面自然写实感的定妆粉是（ ）。
A. 透明散粉 B. 白色散粉 C. 荧光散粉 D. 紫色散粉
5. 美目贴的主要作用是（ ）。
A. 强调眼部立体感 B. 粘贴成双眼睑，矫正眼形
C. 增加眼神效果 D. 粘贴成单眼睑
6. 使用美目贴时，一般粘贴在（ ）。
A. 双眼皮皱折线上方 B. 双眼皮皱折线下方
C. 任意地方 D. 双眼皮皱折线处
7. 抹完粉底液后可直接使用的眼影是（ ）的。
A. 粉末状 B. 粉饼状 C. 膏状 D. 任意状
8. 最适合定完妆后使用的眼影是（ ）的。
A. 粉末状 B. 油状 C. 膏状 D. 任意状

9. 化生活妆时粉状眼影的使用应选择（　　）手法。

A. 堆积　B. 晕染　C. 按压　D. 点涂

10. 生活妆中，当模特的瞳孔色较深时，眼线应选择（　　）。

A. 白色　B. 蓝色　C. 棕色　D. 黑色

11. 选择睫毛夹时要注意（　　）最好与眼形吻合。

A. 橡皮垫　B. 弹簧　C. 手柄　D. 弧度

12. 完整型假睫毛可以分为（　　）。

A. 闪亮型和整体型　B. 浓密型和舞台型

C. 舞台型和眼尾型　D. 整体型和眼尾型

13. 一般来说，完整型假睫毛粘贴时靠（　　）处睫毛比靠外眼角处睫毛短。

A. 外眼角　B. 内眼角　C. 眼中　D. 鼻根

14. 强调唇廓时唇线笔的颜色应（　　）。

A. 用随意色系　B. 与唇膏色系不同

C. 比唇膏浅　D. 用略深于唇色的同色系

15. （　　）的主要作用是调整唇部造型和修饰唇部色彩。

A. 眉笔　B. 粉饼　C. 唇膏　D. 眼线

16. 可让睫毛变浓密并将其固定的是（　　）。

A. 透明型睫毛膏　B. 加长型睫毛膏

C. 浓密型睫毛膏　D. 任意睫毛膏

17. 可使睫毛端延长，制造纤长效果的睫毛膏是（　　）。

A. 加长型　B. 浓密型　C. 透明型　D. 自然型

18. 孔粗的海绵块可以在涂抹（　　）时使用。

A. 粉质适中的粉底　B. 粉质较厚的粉底

C. 粉质较稀的粉底　D. 任意粉底

19. 粉扑蘸上蜜粉后与另一只粉扑互相揉擦，可使蜜粉（　　）分布在粉扑上。

A. 均匀　B. 散状　C. 点状　D. 不均匀

20. 粉扑反面的圆形夹层或一根宽带主要用于（　　）。

A. 装饰　　B. 夹塞东西
C. 小指勾住粉扑　　D. 没有特别用处

21. 下列化妆刷中，（　　）毛质较硬。
A. 散粉刷　　B. 腮红刷　　C. 侧影刷　　D. 眉刷

22. 下列化妆刷中，用于定妆时蘸取蜜粉及扫去浮粉的是（　　）。
A. 粉刷　　B. 眼影刷　　C. 腮红刷　　D. 修容刷

23. 可以刷匀眉毛或梳开睫毛的是（　　）。
A. 眉刷　　B. 眼影刷　　C. 螺旋状眉刷　　D. 散粉刷

24. 眉刀与皮肤应成（　　）角。
A. 45°　　B. 54°　　C. 90°　　D. 120°

25. 初学者修正眉毛时，最适合选用（　　）。
A. 专业刀片　　B. 带有护齿的刀片
C. 剃须刀　　D. 弯头小剪刀

绘画基础理论与化妆

一、判断题（将判断结果填入括号中。正确的填“√”，错误的填“×”）

1. 比例不属于素描主要的造型元素。（　　）
2. 素描工具只局限于绘图铅笔和橡皮。（　　）
3. 彩色铅笔不属于一般素描常用工具。（　　）
4. 画速写的关键不仅仅是速度快，繁复和扼要才是速写的根本。（　　）
5. 把组合几何体当作一个整体来观察，首先找准它们的外形，由外及内，找到它们之间的内在联系。（　　）
6. 石膏几何形体代表了自然物体的两种基本形式。（　　）
7. 鼻子是头部最突出的部分，是一个梯形结构。（　　）
8. 标准的三庭是指发际到眼、眼到鼻底、鼻底到下颌，各占脸长的 1/3。（　　）
9. 多数情况下，两眼之间的距离一般为一个眼长。（　　）

10. 人的头部形状是由头骨形状决定的。（　）

11. 红色旗帜的色彩是旗帜吸收了光源中的其他一些单色光，反射红色光而形成的。（　）

12. 光是一种以电磁波形式存在的电波能。（　）

13. 暖色调中的黄色系一定不会存在冷色关系。（　）

14. 色相感越明确、纯净，色彩纯度越高。（　）

15. 色彩的纯度又被称为光度。（　）

16. 两种原色相加可产生间色。（　）

17. 世界上千变万化的物体色主要受固有色和光源色这两种因素的影响。（　）

18. 环境色也称条件色。（　）

19. 从明度角度界定，有暖色调和灰色调。（　）

20. 玫瑰红、紫红是淡妆中的常用色。（　）

21. 暖妆眉毛的常用色是咖啡色。（　）

22. 在生活妆中，经常使用蓝色眼线描画眼部妆容。（　）

二、单项选择题（选择一个正确的答案，将相应的字母填入题内的括号中）

1. 素描是以（　）色彩的线条表现客观事物形象的一种绘画方式。

A. 多种　B. 3种　C. 2种　D. 单一

2. 线条整体统一有变化，线和面自然结合的表现方法为（　）。

A. 线画法　B. 明暗块面画法

C. 线面结合明暗的画法　D. 色彩表现

3. 在绘画铅笔中，2B比（　）铅笔的笔芯软、色彩深。

A. 2H　B. 3B　C. 4B　D. 5B

4. 徐悲鸿先生谈画素描时的（　）道出了直线是曲线运动的本质。

A. 点线面　B. 宁方勿圆　C. 整体观察　D. 整体表现

5. 选择眼影，应该根据化妆者的肤色、（　）、风格以及所处的场合来决定。

A. 服装　B. 饰品　C. 服饰　D. 头发

6. 涂抹眼影时，（　）涂在眉梢、眉峰处。

A. 暗色眼影　　B. 亮色眼影　　C. 强调色　　D. 灰色

7.（　　）眼影与夏季相符。

A. 浅蓝色　　B. 金色　　C. 浅绿色　　D. 棕色

8. 晚宴妆适合用（　　）色腮红。

A. 粉红　　B. 橙红　　C. 玫瑰红　　D. 鹅黄

9. 中年妆适合用（　　）色腮红。

A. 粉红　　B. 桃红　　C. 玫瑰红　　D. 棕红

10. 灰暗肤色适合涂（　　）或略带自然红的本色唇膏。

A. 粉红　　B. 浅红　　C. 大红　　D. 蓝色

11. 能引起人的视觉及色彩感觉的电磁波被称为（　　）。

A. 可见光　　B. 膨胀色　　C. 收缩色　　D. 远逝色

12. 下列绿色调中，偏暖的是（　　）。

A. 蓝绿　　B. 翠绿　　C. 粉绿　　D. 黄绿

13. 下列颜色中，属于冷色调的是（　　）。

A. 紫色　　B. 红紫色　　C. 赭石色　　D. 橙色

14. 水粉颜色中加入黑色越多，这块色彩（　　）。

A. 纯度越高，明度越高　　B. 纯度越高，明度越低

C. 纯度越低，明度越高　　D. 纯度越低，明度越低

15. 下列选项中，不属于色彩三原色的是（　　）。

A. 黄色　　B. 蓝色　　C. 紫色　　D. 红色

16. 下列色彩的混合中，不属于复色的是（　　）。

A. 3种原色混合　　B. 间色与原色混合

C. 间色与间色混合　　D. 2种原色混合

17. 研究色彩关系，除了要研究固有色和光源色外，还要研究（　　）的影响。

A. 补色　　B. 原色　　C. 环境色　　D. 间色

18. 色调主要由色彩的色相、明度和（　　）3个要素决定。

A. 纯度　　B. 光源　　C. 冷暖　　D. 色性

19. 色调形成的主要决定因素是（　　）。

A. 色彩的对比　　B. 色彩的属性　　C. 色彩的强弱　　D. 色彩的面积

20.（　　）妆色使人有青春柔和之美。

A. 紫红　　B. 棕红　　C. 粉红　　D. 金色

21. 下列工具中，不属于素描常用工具的是（　　）。

A. 绘图铅笔　　B. 橡皮　　C. 素描纸　　D. 直尺

生活化妆的基础知识

一、判断题（将判断结果填入括号中。正确的填“√”，错误的填“×”）

1. 生活妆要注重鼻侧影的刻画。（　　）
2. 生活中强调自然美，所以不需要化妆修饰。（　　）
3. 生活美容化妆的特点是因人而异、因地而异、因时而异。（　　）
4. 肤色白皙，人就显得健康、时尚。（　　）
5. 肤色局部偏黄的人，直接用接近肤色的粉底整体涂抹。（　　）
6. 苍白缺血的皮肤适合用粉红色的粉底。（　　）
7. 人的肤质一般可以分为五大类。（　　）
8. 每个民族的脸形骨骼轮廓都是一样的。（　　）
9. 平直形唇，唇膏不可选较明亮色，宜选暗色。（　　）
10. 瓜子脸又称倒三角形脸。（　　）
11. 椭圆形脸使人显得缺少生气，并有忧郁感。（　　）
12. 中国人以椭圆形脸为标准脸形。（　　）
13. 倒三角形脸给人的感觉是显得老气。（　　）
14. 口缝线在鼻底与下颌的 1/4 处。（　　）
15. 椭圆形脸宽与长之比为 3∶4。（　　）
16. “三庭五眼”是针对古代人而言的，现代人不适用。（　　）
17. 五眼决定着脸的宽度比例。（　　）

18. 眉头、内眼角和鼻翼应在斜向连接点上。（ ）

19. 颧弓凹陷处指的是颞窝。（ ）

20. 额头形状与发际形状有关，只要发际形状好，就有完美的额头。（ ）

21. 女性额头的美感表现为圆润、饱满。（ ）

22. 为了起到保护皮肤的作用，底油抹得越多越好。（ ）

23. 化妆前，化妆师应该有整体构思，把握妆型的特点、浓淡程度和自身喜好。（ ）

24. 嘴唇过厚，唇膏应选用偏冷的色彩。（ ）

25. 鲜艳色、珠光色和油质感的口红不适宜厚唇形。（ ）

26. 嘴唇过薄，唇膏不宜选用暗色。（ ）

27. 尖凸形嘴唇的特征是薄而尖凸。（ ）

28. 只要粉底用厚些，眼袋就遮盖住了。（ ）

29. 涂粉底时，点方法一般用在粉底过厚或颜色过重，需要减轻或减薄的地方。（ ）

30. 一定要使用海绵才可以涂粉底。（ ）

31. 表情丰富的脸适合薄施定妆粉。（ ）

32. 眉眼间距大约为两眼距离。（ ）

33. 拔除眉毛时，应先用热毛巾打开毛孔。（ ）

34. 修剪眉毛时，眉头位置应对齐内眼角。（ ）

35. 画出自然的眉应选用同色系一深一浅的眉笔。（ ）

36. 眉毛的浓淡决定眼神的强度。（ ）

37. 鼻子居五官之首，是面部具有感觉和表达功能的器官。（ ）

38. 通常眼影的晕染方法有3种。（ ）

39. 眼影的搭配千变万化，多种多样。（ ）

40. 上眼线的粗细是下眼线的3倍。（ ）

41. 亚洲人睫毛的特征是卷翘。（ ）

42. 为避免损伤眼睛，假睫毛应远离睫毛生长线粘贴。（ ）

43. 影色涂于鼻子两侧。（ ）

44. 鼻部的化妆重在色彩的表现。（ ）

45. 鼻梁上的亮色与鼻侧影的宽度都要适中。 ( )
46. 鼻侧影一定要颜色深。 ( )
47. 嘴唇越厚、越丰满，就越美丽。 ( )
48. 灰暗肌肤比较适合涂玫瑰红、桃红、粉红等颜色。 ( )
49. 腮红可以不根据肤色选择。 ( )
50. 圆形脸粉底在额部涂亮色。 ( )
51. 圆形脸适合厚重刘海的样式。 ( )
52. 圆形脸属于可爱脸形，显得孩子气，发型设计要符合个性。 ( )
53. 圆形脸不需要强调眉形的眉峰弧度。 ( )
54. 圆形脸眼影修饰时外眼角下眼睑处应弱化。 ( )
55. 圆形脸眼线修饰时外眼角下眼睑处应浓重。 ( )
56. 圆形脸眼线的修饰重点在内眼角处。 ( )
57. 圆形脸的睫毛修饰应强调外眼角，以缩小脸形。 ( )
58. 圆形脸的腮红适合用珠光色。 ( )
59. 圆形脸的腮红不宜在颧骨下横向晕染。 ( )
60. 唇形以尖凸形嘴唇为美。 ( )
61. 嘴唇指的是上下唇。 ( )
62. 唇过厚显得不灵敏。 ( )
63. 方形脸粉底在额中和下颏涂影色。 ( )
64. 稍粗且略带弧形的眉适合方形脸。 ( )
65. 方形脸眼影的修饰可略向内眼角延伸。 ( )
66. 方形脸眼影的修饰不宜过短。 ( )
67. 方形脸眼线的修饰可略短。 ( )
68. 方形脸睫毛的修饰，外眼角处应略向上扬。 ( )
69. 眼尾处的睫毛略向上扬显得可爱。 ( )
70. 方形脸腮红外侧可用棕色收敛。 ( )
71. 长形脸发型适合中分的样式。 ( )

72. 长形脸两侧头发宜蓬松。（　）
73. 长形脸使用粉底时应在前发际线处和下颏边涂亮色。（　）
74. 长形脸适合较平而长的眉。（　）
75. 弧形眉看上去较女性化，适合长形脸的人。（　）
76. 长形脸眼影的描画重点在内眼角处。（　）
77. 长形脸外眼角的眼线应该画短些。（　）
78. 长形脸眼线的描画应加重外眼角，减弱内眼角。（　）
79. 长形脸化淡妆时也要佩戴浓密的假睫毛。（　）
80. 为了使脸形显短，长形脸的腮红可以任意涂抹。（　）
81. 鼻过宽，鼻侧影应向外拉开。（　）
82. 将提亮色做宽一点的修饰方法适用于鼻子过窄。（　）
83. 鼻子过窄，鼻侧影应向中间靠近。（　）
84. 正三角形脸应将下颌角“削”去，增加脸上半部的宽度。（　）
85. 正三角形脸粉底在下颌骨处涂亮色。（　）
86. 正三角形脸的鼻头宜修饰得宽些。（　）
87. 正三角形脸的眉宜粗短些。（　）
88. 正三角形脸眼影的描画重点在内眼角处。（　）
89. 正三角形脸的下眼线要粗一些。（　）
90. 正三角形脸的眼线靠近内眼角部分可画得清淡、柔和些。（　）
91. 涂好睫毛膏后，不要再夹卷睫毛，因为睫毛膏有定型作用。（　）
92. 正三角形脸应将浅色腮红由颧骨下面靠向额角晕染。（　）
93. 正三角形脸应将深色腮红由颧骨外侧靠向额角晕染。（　）
94. 正三角形脸的唇要平一些。（　）
95. 倒三角形脸额部较宽，下颏较尖。（　）
96. 倒三角形脸又称钻石脸。（　）
97. 倒三角形脸粉底在上额角涂阴影色。（　）
98. 倒三角形脸修饰鼻子时鼻头要尖些。（　）

99. 倒三角形脸的眉应细而长。（ ）
100. 倒三角形脸眼影的描画重点在外眼角处。（ ）
101. 倒三角形脸画眼线时，眼尾尽量拉长。（ ）
102. 倒三角形脸画眼线时，眼轮线可弧度大些。（ ）
103. 倒三角形脸睫毛的修饰应该强调内眼角。（ ）
104. 倒三角形脸睫毛的修饰不应该强调内眼角。（ ）
105. 倒三角形脸应将深棕色胭脂涂于颧骨下侧，斜横向晕染。（ ）
106. 倒三角形脸可以用浅色腮红来增加脸的饱满度。（ ）
107. 鹰钩鼻的特点是鼻尖呈钩状。（ ）
108. 鹰钩鼻鼻梁上端宽而凹陷。（ ）
109. 鼻子过短，鼻侧影应略长。（ ）
110. 鼻子过短，可用亮色，从眉间的鼻根处到鼻中部晕染，使鼻形拉长。（ ）
111. 菱形脸为了削弱颧骨，可以用暗色修饰该部位。（ ）
112. 菱形脸应在颧骨旁和下颏处涂影色，在上额角和两腮涂亮色。（ ）
113. 菱形脸的鼻子应增加骨感。（ ）
114. 菱形脸的眼影色彩要柔和。（ ）
115. 菱形脸的眼影最好强调眼部立体感。（ ）
116. 菱形脸下眼线的描画要细而浅。（ ）
117. 修饰菱形脸上睫毛时，可夸张些。（ ）
118. 菱形脸上眼尾眼线略长，外眼角眼线略细。（ ）
119. 菱形脸的颊红应减少脸部棱角感。（ ）
120. 菱形脸唇的底部轮廓略平直，呈船底形。（ ）
121. 菱形脸勾画唇轮廓线时，唇峰要避免过于圆润。（ ）
122. 标准眉形运色是中间深、两边浅，下边缘色浅于上边缘色。（ ）
123. 眉距过近使人紧张不舒展。（ ）
124. 向心眉的修饰方法是：去除眉头过近的眉毛，眉峰向后，眉梢向外拉长些。（ ）
125. 眉距过宽要拉近眉头，描画时要讲究轮廓越清晰越好。（ ）

126. 吊眉要将眉头下缘和眉梢上缘的眉毛除去，重点描画眉头上缘，降低眉梢。（　）

127. 眉过上斜使人显得过于严肃，不和蔼。（　）

128. 下垂眉给人以精明能干的感觉。（　）

129. 眉过粗短，可将眉梢修得尖细而柔和，注意前后衔接自然。（　）

130. 眉过粗缺少生动感，较女性化。（　）

131. 眉生长散乱，可将其全部剔除再画。（　）

132. 眼过圆时，下眼睑外眼角处的眼影用色应突出并向外晕染。（　）

133. 眼过肿，眼线中部要细而直，尽量减少弧度。（　）

134. 肿眼泡的眼影色宜选用红色，以此强调眼部凹凸结构。（　）

135. 鼻根部位于两眉之间。（　）

136. 鼻过塌使面部缺乏立体感、层次感。（　）

137. 离心眼的内眼角应用浅色眼影晕染，外眼角应用强调色向外晕染，将眼影向外拉长。（　）

138. 眼过上斜，外眼角上侧眼影色宜较突显，并向上晕染。（　）

139. 眼角过垂使人显得衰老。（　）

140. 眼过下垂，内眼角处眼影色要暗，并向上晕染。（　）

141. 细长眼形给人的感觉是温和细腻且生动活泼。（　）

142. 鼻子过长，鼻梁上的亮色晕染要宽一些，但上下要短些。（　）

143. 生活妆的特点是清新、自然。（　）

二、单项选择题（选择一个正确的答案，将相应的字母填入题内的括号中）

1. 生活妆主要以（　）为目的。

A. 大幅度改变容貌　　B. 适当美化容貌

C. 夸张容貌缺点　　D. 浓妆艳抹

2. （　）也就是常规日妆，是生活中应用范围最广泛的妆型。

A. 生活妆　　B. 时尚妆　　C. 晚宴妆　　D. 创意妆

3. 下唇中心厚度是上唇中心厚度的（　）倍。

A. 2　　B. 3　　C. 4　　D. 5

4. 深色或冷色口红，适合（　　）唇形。

A. 薄　　B. 厚　　C. 嘴角下垂　　D. 小

5. （　　）的皮肤根据深浅划分，可分为浅肤色、中肤色和深肤色3种。

A. 黄色人种　　B. 黑色人种　　C. 白色人种　　D. 棕色人种

6. 嘴唇过厚宜选用（　　）。

A. 偏暖的浅色唇膏　　B. 偏冷的浅色唇膏

C. 偏暖的深色唇膏　　D. 偏冷的深色唇膏

7. 嘴唇过厚，唇膏不宜选用（　　）。

A. 偏暗色彩　　B. 偏深色彩　　C. 亚光色彩　　D. 偏亮色彩

8. 嘴唇过薄，唇膏不宜选用（　　）。

A. 朱红色　　B. 大红色　　C. 橘红色　　D. 暗紫红色

9. 唇角下垂者，涂唇膏时上唇色要比下唇色（　　）。

A. 浅些　　B. 深些　　C. 亮些　　D. 暗些

10. （　　）是中国传统意义上的美脸的基准。

A. 圆形脸　　B. 方形脸　　C. 椭圆形脸　　D. 长形脸

11. 圆形脸给人的感觉是（　　）。

A. 老气　　B. 单薄柔弱　　C. 可爱稚气　　D. 清高

12. 方形脸给人的感觉是（　　）。

A. 稳重坚强　　B. 单薄柔弱　　C. 可爱稚气　　D. 老气

13. 唇角下垂者，画上唇线时应（　　）。

A. 有唇峰　　B. 饱满些　　C. 平缓些　　D. 画短些

14. 上下唇线可以平直些，口红宜选择暗色调，这样的修饰方法适用于（　　）。

A. 小嘴唇　　B. 尖凸形嘴唇　　C. 薄嘴唇　　D. 大嘴唇

15. 面部的下庭指的是（　　）。

A. 鼻底线到颏底线　　B. 发际线到眉线

C. 眉线到颏底线　　D. 眉线到鼻底线

16. 两眼之间的距离为（　　）只眼睛的长度。

A. 5　　B. 4　　C. 3　　D. 1

17. 面部需要凹陷的面是（　　）。

A. 鼻骨　　B. 面颊　　C. 鼻侧　　D. 唇部

18.（　　）缺乏表现力，面部不生动。

A. 薄嘴唇　　B. 唇突起　　C. 平直唇　　D. 标准唇形

19.（　　）应用唇膏可选较明亮色，不宜选暗色。

A. 厚嘴唇　　B. 唇突起　　C. 大直唇　　D. 唇过平

20. 小尖鼻的（　　）两侧和鼻翼应适当提亮。

A. 鼻根　　B. 鼻中　　C. 鼻尖　　D. 鼻梁

21. 小尖鼻给人以（　　）的感觉。

A. 小气、不大方　　B. 可爱

C. 和蔼　　D. 迟钝

22. 鼻子过长的特征是长于面部的（　　）。

A. 1/3　　B. 3/4　　C. 1/5　　D. 1/4

23. 鼻子过宽，面部（　　）。

A. 感觉立体　　B. 漂亮　　C. 缺少秀气感　　D. 感觉秀气

24. 鼻子过宽，鼻梁应（　　）。

A. 提亮略宽　　B. 打上阴影色　　C. 不做修饰　　D. 提亮略窄

25. 鼻子过窄，提亮色（　　）。

A. 向鼻梁靠拢　　B. 要宽　　C. 要窄　　D. 要长

26. 标准唇形的唇峰在（　　）的延长线上。

A. 内眼角　　B. 外眼角　　C. 鼻翼　　D. 鼻孔外缘

27. 黑眼圈泛棕色，可以选用（　　）。

A. 紫色遮瑕膏　　B. 绿色遮瑕膏

C. 橙色遮瑕膏　　D. 米黄色遮瑕膏

28. 细长眼令人有眯眼的感觉，使面容（　　）。

A. 生动　B. 活泼　C. 缺乏神采　D. 机灵

29. 圆眼睛的眼影色宜选靠（　）处较突显。

A. 中部　B. 眼头　C. 眼尾　D. 两眼角

30. 定妆时要用粉扑往脸上（　）。

A. 擦　B. 涂　C. 轻按　D. 抹

31. 方形脸最适合（　）。

A. 挑眉　B. 一字眉　C. 弧形眉　D. 刀眉

32. 最适合调整眉形，迅速去除毛发且边缘整齐的工具是（　）。

A. 镊子　B. 刮眉刀　C. 剃须刀　D. 弯头小剪刀

33. 眼睛过小，用（　）色眼影进行修饰较好。

A. 单　B. 三　C. 四　D. 五

34. 眼睛过小是眼裂（　），使人显得比例失调。

A. 较窄　B. 较宽　C. 较短　D. 较长

35. 肿眼泡或眼袋下垂者，忌用（　）。

A. 红色　B. 蓝色　C. 棕色　D. 绿色

36. 标准鼻形的宽度占面部宽度的（　）。

A. 1/3　B. 1/4　C. 1/5　D. 1/2

37. 标准鼻形的长度占面部长度的（　）。

A. 1/3　B. 1/4　C. 1/5　D. 1/2

38. 塌鼻梁涂鼻影时，应将较深的阴影色涂于（　）。

A. 外眼角　B. 鼻梁

C. 靠内眼角眼窝处　D. 鼻尖

39. 鼻子过塌，鼻侧影上端与（　）衔接，眼窝处颜色应较深，向下逐渐淡化。

A. 内眼角　B. 眉间　C. 眉头　D. 眼窝

40. 鹰钩鼻给人以（　）的感觉。

A. 精明　B. 可爱　C. 和蔼　D. 迟钝

41. 鼻子长度小于面部长度的（　）。

A. 3/4　　B. 1/5　　C. 1/3　　D. 1/4

42. 鼻子的基本修饰中，亮色涂于（　　）。

A. 鼻头　　B. 鼻梁　　C. 鼻尖　　D. 鼻子两侧

43. 鼻子过短，使脸显（　　）。

A. 窄　　B. 大　　C. 宽　　D. 短

44. 眼过上斜，描画下眼线时应（　　）。

A. 内眼角处略粗，外眼角处略细　　B. 内眼角处略细，外眼角处略细

C. 内眼角处略细，外眼角处略粗　　D. 内眼角处略粗，外眼角处略粗

45. 眼过上斜，描画上眼线时应（　　）。

A. 内眼角处略细，外眼角处略细　　B. 内眼角处略粗，外眼角处略粗

C. 内眼角处略粗，外眼角处略细　　D. 内眼角处略细，外眼角处略粗

46. 眼过垂，外眼角眼影色宜较突显，并（　　）。

A. 向上晕染　　B. 向后拉长　　C. 向下晕染　　D. 向前拉长

47. 细长眼形上下眼线中部应画（　　）。

A. 窄　　B. 宽　　C. 暗　　D. 亮

48. 唇的描画主要有（　　）种方法。

A. 4　　B. 5　　C. 3　　D. 2

49.（　　）向上不可以高于外眼角的水平线。

A. 腮红　　B. 眉骨　　C. 额头　　D. 眼影

50. 圆形脸应用粉底在（　　）涂阴影色。

A. T字部　　B. 颧骨　　C. 两腮　　D. 太阳穴

51. 圆形脸的（　　）偏圆。

A. 颧骨　　B. 眉形　　C. 唇形　　D. 额角及下颏

52. 两眼间距过近，外眼角处眼线应（　　）。

A. 略细略短　　B. 略粗略短　　C. 略粗略长　　D. 略细略长

53.（　　）的人眉毛应微挑，可稍有眉峰，将脸形拉长。

A. 方形脸　　B. 钻石形脸　　C. 圆形脸　　D. 长形脸

54. 圆形脸适合（　　）。

A. 一字眉　　B. 挑眉　　C. 刀眉　　D. 弧形眉

55. 圆形脸的眼影修饰应强调（　　）。

A. 上眼睑　　B. 下眼睑　　C. 外眼角　　D. 内眼角

56. （　　）的眼影修饰，外眼角部位略向上斜伸。

A. 方形脸　　B. 钻石形脸　　C. 圆形脸　　D. 长形脸

57. 圆形脸的眼线修饰应强调（　　）。

A. 上眼睑　　B. 下眼睑　　C. 外眼角　　D. 内眼角

58. 圆形脸的睫毛修饰，外眼角下眼睑处应（　　）。

A. 弱化　　B. 加重　　C. 加密　　D. 加浓

59. （　　）的睫毛修饰，外眼角部位略向上斜伸。

A. 方形脸　　B. 钻石形脸　　C. 圆形脸　　D. 长形脸

60. 圆形脸的腮红宜涂于（　　）部位。

A. 颧骨外侧　　B. 颧弓下陷

C. 颧骨伸向太阳穴向斜上方拉长　　D. 脸颊中心

61. 圆形脸下唇的修饰应（　　）。

A. 强调柔和感　　B. 唇廓略平　　C. 中部略尖　　D. 宽平些

62. 略带棱角，下唇底部轮廓略平直的唇适合（　　）。

A. 长形脸　　B. 菱形脸　　C. 圆形脸　　D. 方形脸

63. （　　）在选择发型时，应增加头顶高度，运用成层或不对称的剪发样式。

A. 方形脸　　B. 钻石形脸　　C. 圆形脸　　D. 长形脸

64. 方形脸应用粉底在两腮和（　　）涂阴影色。

A. 下颏边　　B. 额两侧　　C. 前发际线处　　D. 颈部

65. （　　）的粉底亮色应涂抹在额中和下颏。

A. 方形脸　　B. 圆形脸　　C. 菱形脸　　D. 长形脸

66. 方形脸最不适合（　　）的眉。

A. 上挑　　B. 柔和　　C. 柔和、上挑　　D. 平而长

67. 方形脸的眉峰可略向（　　）移。

A. 上　　B. 下　　C. 前　　D. 后

68.（　　）眼影的修饰，外眼角处应向上提升刻画。

A. 长形脸　　B. 椭圆形脸　　C. 菱形脸　　D. 方形脸

69.（　　）下眼线的修饰应柔和些。

A. 方形脸　　B. 圆形脸　　C. 菱形脸　　D. 长形脸

70. 方形脸眼线的修饰可略向（　　）。

A. 中部晕染　　B. 内眼角延伸　　C. 上扬　　D. 下眼睑延伸

71. 方形脸睫毛的修饰应强调（　　）。

A. 内眼角　　B. 外眼角　　C. 下眼睑　　D. 眼睛中部

72. 方形脸的腮红应在颧骨处（　　）晕染。

A. 斜横向　　B. 横向　　C. 竖向　　D. 圆形

73.（　　）的腮红应斜向上，纵向晕染。

A. 长形脸　　B. 椭圆形脸　　C. 菱形脸　　D. 方形脸

74.（　　）的长度明显长于宽度。

A. 方形脸　　B. 钻石形脸　　C. 圆形脸　　D. 长形脸

75. 长形脸在（　　）涂阴影色。

A. 前额发际线处和下颏底部　　B. 脸颊两侧

C. 额角　　D. 下颌

76. 长形脸应用粉底在前发际线处和（　　）涂阴影色。

A. 两腮　　B. 下颏底部　　C. 太阳穴　　D. 下颌

77. 长形脸适合选择（　　）。

A. 高挑眉　　B. 平直眉　　C. 弧形眉　　D. 任意眉

78. 长形脸眼影的描画重点在（　　）。

A. 上眼睑　　B. 外眼角处　　C. 下眼睑　　D. 内眼角处

79.（　　）眼影的描画，外眼角处应向外拉长。

A. 倒三角形脸　　B. 圆形脸　　C. 心形脸　　D. 长形脸

80. 长形脸眼线的描画重点在（ ）。

A. 上眼睑 B. 外眼角处 C. 下眼睑 D. 内眼角处

81. 长形脸睫毛的修饰重点在（ ）。

A. 上眼睑 B. 外眼角处 C. 下眼睑 D. 内眼角处

82.（ ）睫毛的修饰，外眼角处应向上斜伸。

A. 倒三角形脸 B. 圆形脸 C. 心形脸 D. 长形脸

83. 长形脸的腮红应横向涂抹，使脸显（ ）。

A. 长 B. 短 C. 宽 D. 窄

84. 长形脸唇形的修饰应（ ）。

A. 略带棱角

B. 唇廓略平

C. 涂丰满些

D. 使下唇圆润些

85. 长形脸唇形的修饰应（ ）。

A. 强调柔和感 B. 唇廓略平 C. 中部略尖 D. 宽平些

86. 正三角形脸适合（ ）。

A. 柔美烫发

B. 侧分发式

C. 柔顺直发

D. 短发或齐颈发

87. 正三角形脸涂粉底时应在（ ）涂影色。

A. 太阳穴处 B. 下颏边 C. 颧骨处 D. 下颌角

88. 正三角形脸涂粉底时应在（ ）涂亮色。

A. 两腮 B. 上额角 C. 前发际线处 D. 下颌角

89. 正三角形脸的鼻侧影应（ ）。

A. 拉长 B. 略宽 C. 窄细 D. 自然修饰

90. 正三角形脸眼影的描画重点在（ ）。

A. 内眼角处 B. 外眼角处 C. 上眼睑 D. 下眼睑

91. 正三角形脸眼影的描画应加重外眼角，减弱（ ）。

A. 内眼角 B. 上眼睑 C. 下眼睑 D. 以上均正确

92. 正三角形脸的眼线眼尾应（ ）。

A. 短一些　　B. 拉长　　C. 向上描绘　　D. 弱化

93. 正三角形脸睫毛的修饰应强调（　　）。

A. 外眼角　　B. 内眼角　　C. 上睫毛　　D. 下睫毛

94. 亚洲人的睫毛比较直、硬、短，因而眼睛显得（　　）。

A. 朴实　　B. 不够生动　　C. 自然　　D. 以上均正确

95. 较不适合正三角形脸，涂于颧骨下侧且斜横向晕染的腮红是（　　）色腮红。

A. 橘红　　B. 肉红　　C. 深棕红　　D. 粉红

96. 正三角形脸的下唇应（　　）。

A. 薄　　B. 尖　　C. 厚　　D. 圆

97.（　　）的下唇廓应略尖。

A. 圆形脸　　B. 方形脸　　C. 长形脸　　D. 正三角形脸

98. 倒三角形脸适合（　　）。

A. 松软卷发　　B. 中分发式

C. 柔顺直发　　D. 短发或齐颈发

99. 倒三角形脸涂粉底时应在（　　）涂影色。

A. 下颏底部　　B. 两腮　　C. 下颌角　　D. 颈部

100. 倒三角形脸应用粉底在两腮涂抹（　　）。

A. 暗色　　B. 亮色　　C. 白色　　D. 红色

101. 倒三角形脸的眉适合略加重（　　）。

A. 眉下缘　　B. 眉上缘　　C. 眉头　　D. 眉中

102. 眼睛的修饰是化妆中的重点，将直接影响（　　）化妆的效果。

A. 生活　　B. 整体　　C. 晚宴　　D. 时尚

103. 倒三角形脸眼影的描画重点在（　　）。

A. 内眼角处　　B. 外眼角处　　C. 下眼睑　　D. 下眼睑外侧

104. 倒三角形脸下眼线的描画可（　　）些。

A. 细　　B. 深　　C. 浅　　D. 粗

105. 倒三角形脸睫毛的修饰应强调（　　）。

A. 外眼角　B. 内眼角　C. 浓密　D. 稀疏

106. 倒三角形脸应将浅色胭脂涂于（　　）。

A. 颧骨下侧且斜横向晕染　B. 靠太阳穴处

C. 眼下方　D. 任意地方

107. 倒三角形脸的唇形应（　　）。

A. 长度略宽　B. 长度略窄　C. 下唇廓平些　D. 小些

108.（　　）的唇形修饰比较适合拉长唇形。

A. 正三角形脸　B. 圆形脸　C. 倒三角形脸　D. 方形脸

109. 色彩效果显著，明快、活泼、引人注目，是（　　）组合的特点。

A. 同类色　B. 邻近色　C. 对比色　D. 主色调

110. 菱形脸适合（　　）的发型样式。

A. 椭圆形曲线　B. 侧分

C. 柔顺直发　D. 短发或齐颈发

111.（　）应削弱颧骨的棱角感。

A. 菱形脸　B. 长形脸　C. 正三角形脸　D. 椭圆形脸

112. 菱形脸应用粉底在（　）涂阴影色。

A. 上额角　B. 两腮　C. 眼窝　D. 颧骨旁

113. 菱形脸的眉形应（　）。

A. 强调棱角　B. 柔和、平缓　C. 短些　D. 浓些

114. 菱形脸的眉稍需（　　）。

A. 变短　B. 变浓　C. 变硬　D. 拉长

115. 菱形脸的眼影可以向（　）外侧延伸，色调柔和。

A. 内眼角　B. 外眼角　C. 上眼睑　D. 下眼睑

116. 菱形脸眼线修饰时，上眼尾眼线应略（　）。

A. 长　B. 短　C. 粗　D. 细

117. 菱形脸眼线描画时，内眼角眼线应略（　　）。

A. 粗　B. 细　C. 长　D. 短

118. 菱形脸（　　）眼线应略细。

A. 外眼角　　B. 内眼角　　C. 外眼角下　　D. 外眼角上

119. 菱形脸的颊红修饰，可置于颧弓下方的是（　　）色。

A. 浅桃红　　B. 深棕　　C. 深紫　　D. 深红

120. 菱形脸的（　　）可用浅色腮红，使脸形柔和些。

A. 颧骨处　　B. 鼻翼处　　C. 面颊凹陷处　　D. 前额

121. 菱形脸唇的底部轮廓勾画时应略（　　）。

A. 呈月牙形　　B. 平直　　C. 弯曲　　D. 呈弧形

122. 标准眉形的两眉间距为（　　）。

A. 两眼距离　　B. 一眼距离　　C. 三眼距离　　D. 半眼距离

123. 标准眉形适合（　　）。

A. 椭圆形脸　　B. 圆形脸　　C. 方形脸　　D. 长形脸

124. 眉距过近的修饰方法是可以去掉（　　），眉峰向后移。

A. 眉尾　　B. 眉头上下　　C. 眉头下方　　D. 眉头

125. 离心眉的修饰方法是（　　），眉梢不拉长。

A. 眉头向前，眉峰向后　　B. 眉头向后，眉峰向前

C. 眉头向前，眉峰向前　　D. 眉头向后，眉峰向后

126. 眉距过宽的修饰方法是利用眉笔将眉头（　　），以缩小两眉间的距离。

A. 描深　　B. 描浅　　C. 描长　　D. 描短

127. 眉（　　）应添画眉头上方和眉梢下方的眉毛。

A. 过上斜　　B. 下垂　　C. 距宽　　D. 距窄

128. 下垂眉的修饰应尽量把（　　）往上画，不要让眉下垂，但也不可太夸张。

A. 眉头　　B. 眉尾　　C. 眉形　　D. 眉峰

129. （　　）可去除眉头上缘的杂毛和眉梢下缘过长的眉毛。

A. 吊眉　　B. 平直眉　　C. 上挑眉　　D. 下垂眉

130. 眉过短，使脸下部显（　　）。

A. 大　　B. 小　　C. 可爱　　D. 精明

131. 眉生长散乱，使面部及五官（　　）。

A. 显得可爱　　B. 显得迟钝　　C. 不够清晰　　D. 显得精明

132. 眉淡且散乱，可画（　　）并略加重眉色。

A. 大刀眉　　B. 一字眉　　C. 标准眉　　D. 弧形眉

133. 眉残缺的修饰是在残缺处用与眉色（　　）的眉笔描画。

A. 相同　　B. 不同　　C. 相较偏红　　D. 相较偏黄

134. 修补残缺眉应特别注意（　　）眉的生长方向。

A. 逆向　　B. 顺向　　C. 下缘　　D. 上缘

135. 标准眼形的上眼睑弧度与下眼睑弧度相比要（　　）。

A. 小　　B. 大　　C. 差不多　　D. 一致

136. 两眼间距过近，可突出（　　）眼影的描画。

A. 内眼角上侧　　B. 外眼角　　C. 下眼睑　　D. 内眼角下侧

137. 眼距过宽，外眼角处眼线应相对细浅一些，不宜（　　）延长。

A. 向内　　B. 向外　　C. 向上　　D. 向下

不同妆型的特点与化妆技巧

一、判断题（将判断结果填入括号中。正确的填“√”，错误的填“×”）

1. 生活淡妆的描画要突出妆面的强装饰性。（　　）
2. 生活妆用浅粉红色腮红，显得活泼。（　　）
3. 生活淡妆的腮红可用纯度高、明度也高的颜色。（　　）
4. 透明妆的唇色宜选用浓重色彩。（　　）
5. 青春少女的生活淡妆要求是清新、甜美、亮丽。（　　）
6. 生活淡妆一般选用自然颜色，要根据服装颜色、肤色而定。（　　）
7. 正式场合晚宴妆的妆面、发型、服饰都需要尽可能夸张、艳丽。（　　）
8. 宴会妆的妆面可以略微夸张表现五官立体结构和轮廓。（　　）
9. 宴会妆的眼影色调可较鲜艳，强调眼部结构表现。（　　）

10. 遮盖瑕疵，改善皮肤颜色和质感是化晚宴妆的基础。（　）

11. 宴会妆用色略显浓重。（　）

12. 蓝色不属于生活时尚妆腮红的常用色。（　）

13. 生活时尚妆只需要追求时尚的物质。（　）

14. 新娘妆常用偏冷的颜色。（　）

15. 新郎的唇色一般选用粉红色。（　）

16. 新郎化妆时可以选择透气性强的浅棕色粉底，量越少越好。（　）

17. 新郎化妆以加强皮肤的光泽、质感为本。（　）

18. 生活时尚妆的形象描绘夸张而独具特色，可根据自己的特点和爱好进行描绘。（　）

19. 生活时尚妆强调前卫、流行，可无限地夸张。（　）

二、单项选择题（选择一个正确的答案，将相应的字母填入题内的括号中）

1. 生活淡妆表现妆色要（　）。

A. 单一　B. 细腻　C. 淡雅、自然　D. 浓艳

2. 生活淡妆的常用色应（　）。

A. 纯度较高，明度较高　B. 纯度较低，明度较低

C. 纯度较高，明度较低　D. 纯度较低，明度较高

3. 生活妆用（　）唇色，显得时尚。

A. 褐红　B. 粉红　C. 荧光红　D. 橙红

4. 智慧、优雅、优美是对（　）的要求。

A. 青年女性妆　B. 少女妆　C. 中年女性妆　D. 老年女性妆

5. 古铜妆适合（　）。

A. 纤细的眉　B. 浅淡的眉

C. 略粗且有蓬松感的眉　D. 用色浓重的眉

6. 下列选项中，不属于透明妆眼影常用色的是（　）。

A. 肉色　B. 墨绿色　C. 米色　D. 浅粉色

7. 透明妆的特点是（　）。

A. 浓艳　　B. 艳丽　　C. 厚重　　D. 剔透、自然

8. 下列选项中，不属于宴会妆用色特点的是（　　）。

A. 色彩明度高　　B. 色彩不宜过于鲜艳

C. 主色调要明确　　D. 用色可浓重些

9. 不适合宴会妆脸颊修饰的色调是（　　）。

A. 玫瑰红色　　B. 桃红色　　C. 棕红色　　D. 粉红色

10.（　　）宴会妆，整体效果优雅、华丽、高贵，给人以柔美、温和之感。

A. 美艳型　　B. 古典型　　C. 浪漫型　　D. 优雅型

11.（　　）宴会妆，造型格调含蓄，效果华丽、高贵、雅致。

A. 美艳型　　B. 古典型　　C. 浪漫型　　D. 优雅型

12. 宴会妆用色应与整体相协调，用色要（　　），丰富而不繁杂。

A. 浅淡　　B. 透明　　C. 复杂　　D. 艳而不俗

13. 新娘妆的特点是（　　）。

A. 性感　　B. 浓艳　　C. 喜庆　　D. 理性

14. 下列选项中，不属于现代新娘妆表现女性特点的是（　　）。

A. 端庄　　B. 姣美　　C. 妩媚　　D. 纯洁

15. 生活时尚妆的妆面配色流行而（　　），妆面洁净。

A. 复杂　　B. 烦琐　　C. 浓重　　D. 不杂乱

16. 生活时尚妆强调（　　）。

A. 前卫、流行　　B. 温柔　　C. 甜美　　D. 高贵

17. 新郎妆修饰的主要部位是眉形和（　　）。

A. 面颊　　B. 鼻子　　C. 耳朵　　D. 嘴唇

18. 新郎妆修饰的主要部位是（　　）。

A. 眉形和嘴唇　　B. 眉形和眼形

C. 鼻形和嘴唇　　D. 脸形和鼻形

19. 新郎化妆的目的是与（　　）整体协调。

A. 服装　　B. 新娘　　C. 身材　　D. 新房

相关造型理论的基础知识

一、判断题（将判断结果填入括号中。正确的填“√”，错误的填“×”）

1. 卷发器对干发、湿发都可做卷，而且简便快捷。（ ）
2. 从美学角度来讨论染发色彩，应根据4个基本条件来搭配。（ ）
3. 眼球是深褐色时，发色应选择较浅淡的颜色。（ ）
4. 发蜡能使发型线条流畅，有动感和层次感。（ ）
5. 油性头发不适合平直发型，应选择蓬松发型，使头皮接触更多空气，减少头部油脂的产生。（ ）
6. 洗发水与头皮接触的时间越长越好。（ ）
7. 冷灰色发色不适合暖色肌肤。（ ）
8. 发髻是盘发类发式。（ ）
9. 在头部的不同位置束发，表现风格有很大差异。（ ）
10. 新娘盘发重点体现新娘的纯洁、娟秀，烘托喜庆气氛。（ ）
11. 盘发应根据不同服饰和脸形盘出不同造型。（ ）
12. 拧绳手法有不同的操作技巧，此手法的唯一作用是可以将头发长度缩短。（ ）
13. 直发使用电热卷后发型长度缩短，轮廓扩张。（ ）
14. 吹短发时，先吹顶部，再吹脑后部。（ ）
15. 吹短发时，先吹脑后部，再吹顶部。（ ）
16. 吹男士中长发型时，要是有头缝的话，应先从两侧开始。（ ）
17. 长发吹风梳理先吹后部，分层由后颈逐层向上吹。（ ）
18. 吹长发时，整体调整需用尖刷、排骨刷配合进行。（ ）
19. 打理卷发可用的最佳产品为啫喱。（ ）
20. 吹卷发造型时，需要注意毛发的自然流向与修饰流向的统一。（ ）
21. 吹卷发造型时，不用掌握吹风机的距离与角度。（ ）
22. 制作大波浪发型时，可先用塑料卷筒卷成型，再用吹风机梳理成型。（ ）

23. 莱卡不是天然材料。（　　）
24. 服装设计的3个基本要素是色彩、款式、面料。（　　）
25. 内造型主要包括结构线、领型、袖型和零部件的设计。（　　）
26. 泳装不属于防护用的服装。（　　）
27. 服装按用途分类，可分为上装、下装和连体装。（　　）
28. 质感飘逸的晚装适合活泼且骨感的人群穿着。（　　）
29. 个人爱好不是服装设计的基本要素。（　　）
30. 整体服装的色彩若为朱红色，选用朱红色腮红最为适合。（　　）

二、单项选择题（选择一个正确的答案，将相应的字母填入题内的括号中）

1. 在发型造型中，为了增加发量感，采用木梳逆梳法，通常使用（　　）。
A. 包发梳　B. 电热棒　C. 挑针梳　D. 手
2. 下列选项中，属于头饰的是（　　）。
A. 舌钉　B. 项圈　C. 耳环　D. 皇冠
3. 穿蓝色系服装时，（　　）眼影最适宜，使色调统一。
A. 绿色　B. 黄色　C. 红色　D. 蓝色
4. 在发型造型中，定型效果最好的工具是（　　）。
A. 啫喱　B. 发胶　C. 发蜡　D. 发油
5. 在发型造型中，梳理乱发或上润发露时应选用（　　）。
A. 宽锯齿发梳　B. 尖尾梳　C. 九排梳　D. 定型梳
6. （　　）头发干燥，触摸有粗糙感，不润滑，缺乏光泽，造型后易变形。
A. 油性　B. 干性　C. 受损　D. 中性
7. 肤色偏黄的人应选择偏（　　）色系。
A. 紫红　B. 橙　C. 黑　D. 黄
8. 肤色深的人应选择偏（　　）色系。
A. 黑　B. 橙　C. 金　D. 黄
9. 盘（束）发的基本形式有（　　）种。
A. 1　B. 2　C. 3　D. 4

10.（　　）造型必须符合简单、大方、自然的原则，只把突出部位作为设计的表现重点，以显示女性高雅的风韵。

A. 生活盘发　　B. 新娘盘发　　C. 晚宴盘发　　D. 创意盘发

11. 曲线纹理能创造（　　）的效果。

A. 蓬松　　B. 飘逸　　C. 文静　　D. 紧贴

12. 下列选项中，不属于传统意义耳饰的是（　　）。

A. 耳钉　　B. 耳环　　C. 耳钳　　D. 耳麦

13. 鞋帮在脚踝骨偏上3 cm的称为（　　）。

A. 长靴　　B. 短靴　　C. 休闲鞋　　D. 皮鞋

14. 直发不具有（　　）的感觉。

A. 活力蓬松　　B. 流畅柔顺　　C. 飘逸　　D. 文静优雅

15. 吹短发时，先吹（　　），再吹脑后部。

A. 四周　　B. 前额　　C. 两边　　D. 顶部

16. 吹男士中长发型时，先要看头发是否需要（　　），再决定吹的顺序。

A. 烫卷　　B. 挑缝　　C. 染色　　D. 护理

17. 下列选项中，不属于服饰配件的是（　　）。

A. 腰带　　B. 名片　　C. 帽子　　D. 袖扣

18. 下列选项中，不属于饰品的是（　　）。

A. 眼镜　　B. 项链　　C. 雨伞　　D. 手表

19. 对于（　　）的人，卷发可增加发量感。

A. 头发密集　　B. 头发稀少

C. 头发无层次　　D. 头发密而长、有层次

20. 卷发具有（　　）的感觉。

A. 成熟　　B. 飘逸　　C. 流畅　　D. 文静

21. 吹卷发时，整体初步成型，再用（　　）整理纹理。

A. 排骨刷　　B. 圆滚刷　　C. 半圆刷　　D. 九行刷

22. 制作大波浪发型时，首先要保证（　　）。

A. 头发干净　　B. 头发卷曲　　C. 发质要好　　D. 头发要直

23. 吹大波浪发型时，应注意吹风机的（　　）。

A. 送风量　　B. 送风角度

C. 送风时间　　D. 以上均正确

24. 衣服的轮廓剪影被称为（　　）。

A. 内造型　　B. 外造型　　C. 工艺　　D. 款式

25. （　　）被喻为“人体软雕塑”。

A. 时装　　B. 首饰　　C. 服装　　D. 帽子

26. 下列选项中，从广义上说属于服装类的是（　　）。

A. 皮包　　B. 雨伞　　C. 名片夹　　D. 手套

27. 下列服装中，不属于年龄分类的是（　　）。

A. 童装　　B. 青年装　　C. 男装　　D. 中年装

28. （　　）宜选用柔软而富有弹性并能吸湿的毛圈机织物和针织物。

A. 浴衣　　B. 衬衫　　C. 内衣　　D. 领带

29. 下列选项中，不属于服装组成材料结构的是（　　）。

A. 面料　　B. 款式　　C. 里料　　D. 衬料

30. 服饰配件的种类纷繁庞杂，就其侧重装饰的类别不同可以分为（　　）大类。

A. 五　　B. 四　　C. 三　　D. 两

31. 着装时，最简便也最稳当的配色方法是（　　）。

A. 单色配色　　B. 两色配色　　C. 三色配色　　D. 多色配色

第4部分 操作技能复习题

彩妆设计稿

一、眉眼彩妆设计稿——天真可爱少女造型的眉眼彩妆设计稿（试题代码[①]：1.1.2；考核时间：40 min）

1. 试题单

（1）操作条件

1）写生教室。

2）写生照明灯、背景布、写生台。

3）素描纸、画板、画架。

4）24色彩色铅笔、绘图铅笔、眼影、眼影刷、眉笔、橡皮、美工刀、图钉。

（2）操作内容

1）构图。

2）造型。

3）色彩。

4）技法。

5）神态。

---

① 试题代码表示该试题在鉴定方案《考核项目表》中的所属位置。左起第一位表示项目号，第二位表示单元号，第三位表示在该项目、单元下的第几个试题。

6）画面效果。

（3）操作要求

1）构图

①主体突出。

②结构比例准确。

③画面布局均衡。

④大小适中。

2）造型

①抓住特征。

②比例准确。

③有立体感、空间感。

④肖似对象。

3）色彩

①色彩丰富。

②色调和谐。

③明暗关系明确。

④色彩关系明确。

4）技法

①排线布局条理明确。

②熟练运用彩色铅笔表达画面效果。

③熟练运用彩色铅笔表达画面层次感。

④画面整洁。

5）神态

①表现生动。

②神形肖似天真可爱少女。

③抓住形态特征。

④表情刻画肖似。

6）画面效果

①整体描绘。

②突出主题。

③画面色彩丰富。

④画面洁净。

2. 评分表

试题代码及名称		1.1.2 眉眼彩妆设计稿——天真可爱少女造型的眉眼彩妆设计稿			考核时间			40 min		
评价要素		配分	等级	评分细则	评定等级					得分
					A	B	C	D	E	
1	构图 （1）主体突出 （2）结构比例准确 （3）画面布局均衡 （4）大小适中	2	A	全部达到要求						
			B	一项达不到要求						
			C	两项达不到要求						
			D	三项达不到要求						
			E	差或未答题						
2	造型 （1）抓住特征 （2）比例准确 （3）有立体感、空间感 （4）肖似对象	5	A	全部达到要求						
			B	一项达不到要求						
			C	两项达不到要求						
			D	三项达不到要求						
			E	差或未答题						
3	色彩 （1）色彩丰富 （2）色调和谐 （3）明暗关系明确 （4）色彩关系明确	5	A	全部达到要求						
			B	一项达不到要求						
			C	两项达不到要求						
			D	三项达不到要求						
			E	差或未答题						
4	技法 （1）排线布局条理明确 （2）熟练运用彩色铅笔表达画面效果 （3）熟练运用彩色铅笔表达画面层次感 （4）画面整洁	3	A	全部达到要求						
			B	一项达不到要求						
			C	两项达不到要求						
			D	三项达不到要求						
			E	差或未答题						

续表

试题代码及名称		1.1.2　眉眼彩妆设计稿—— 天真可爱少女造型的眉眼彩妆设计稿			考核时间		40 min			
评价要素		配分	等级	评分细则	评定等级					得分
					A	B	C	D	E	
5	神态 （1）表现生动 （2）神形肖似天真可爱少女 （3）抓住形态特征 （4）表情刻画肖似	3	A	全部达到要求						
			B	一项达不到要求						
			C	两项达不到要求						
			D	三项达不到要求						
			E	差或未答题						
6	画面效果 （1）整体描绘 （2）突出主题 （3）画面色彩丰富 （4）画面洁净	2	A	全部达到要求						
			B	一项达不到要求						
			C	两项达不到要求						
			D	三项达不到要求						
			E	差或未答题						
合计配分		20	合计得分							

等级	A（优）	B（良）	C（及格）	D（较差）	E（差或未答题）
比值	1.0	0.8	0.6	0.2	0

“评价要素”得分＝配分×等级比值。

二、眉眼彩妆设计稿——酷感前卫时尚造型的眉眼彩妆设计稿（试题代码：1.1.3；考核时间：40 min）

1. 试题单

（1）操作条件

1）写生教室。

2）写生照明灯、背景布、写生台。

3）素描纸、画板、画架。

4）24 色彩色铅笔、绘图铅笔、眼影、眼影刷、眉笔、橡皮、美工刀、图钉。

（2）操作内容

1）构图。

2）造型。

3）色彩。

4）技法。

5）神态。

6）画面效果。

（3）操作要求

1）构图

①主体突出。

②结构比例准确。

③画面布局均衡。

④大小适中。

2）造型

①抓住特征。

②比例准确。

③有立体感、空间感。

④肖似对象。

3）色彩

①色彩丰富。

②色调和谐。

③明暗关系明确。

④色彩关系明确。

4）技法

①排线布局条理明确。

②熟练运用彩色铅笔表达画面效果。

③熟练运用彩色铅笔表达画面层次感。

④画面整洁。

5）神态

①表现生动。

②神形肖似酷感前卫时尚造型。

③抓住形态特征。

④表情刻画肖似。

6）画面效果

①整体描绘。

②突出主题。

③画面色彩丰富。

④画面洁净。

2. 评分表

试题代码及名称		1.1.3　眉眼彩妆设计稿—— 酷感前卫时尚造型的眉眼彩妆设计稿			考核时间		40 min			
评价要素		配分	等级	评分细则	评定等级					得分
					A	B	C	D	E	
1	构图 （1）主体突出 （2）结构比例准确 （3）画面布局均衡 （4）大小适中	2	A	全部达到要求						
			B	一项达不到要求						
			C	两项达不到要求						
			D	三项达不到要求						
			E	差或未答题						
2	造型 （1）抓住特征 （2）比例准确 （3）有立体感、空间感 （4）肖似对象	5	A	全部达到要求						
			B	一项达不到要求						
			C	两项达不到要求						
			D	三项达不到要求						
			E	差或未答题						
3	色彩 （1）色彩丰富 （2）色调和谐 （3）明暗关系明确 （4）色彩关系明确	5	A	全部达到要求						
			B	一项达不到要求						
			C	两项达不到要求						
			D	三项达不到要求						
			E	差或未答题						

续表

试题代码及名称		1.1.3 眉眼彩妆设计稿—— 酷感前卫时尚造型的眉眼彩妆设计稿			考核时间			40 min		
评价要素		配分	等级	评分细则	评定等级					得分
					A	B	C	D	E	
4	技法 （1）排线布局条理明确 （2）熟练运用彩色铅笔表达画面效果 （3）熟练运用彩色铅笔表达画面层次感 （4）画面整洁	3	A	全部达到要求						
			B	一项达不到要求						
			C	两项达不到要求						
			D	三项达不到要求						
			E	差或未答题						
5	神态 （1）表现生动 （2）神形肖似酷感前卫时尚造型 （3）抓住形态特征 （4）表情刻画肖似	3	A	全部达到要求						
			B	一项达不到要求						
			C	两项达不到要求						
			D	三项达不到要求						
			E	差或未答题						
6	画面效果 （1）整体描绘 （2）突出主题 （3）画面色彩丰富 （4）画面洁净	2	A	全部达到要求						
			B	一项达不到要求						
			C	两项达不到要求						
			D	三项达不到要求						
			E	差或未答题						
合计配分		20	合计得分							

等级	A（优）	B（良）	C（及格）	D（较差）	E（差或未答题）
比值	1.0	0.8	0.6	0.2	0

“评价要素”得分=配分×等级比值。

化妆造型

一、青年女性生活职业妆（试题代码：2.1.1；考核时间：40 min）

详见第6部分操作技能考核模拟试卷。

二、生活时尚妆——酷感前卫的时尚女性整体造型（试题代码：2.2.2；考核时间：50 min）

1. 试题单

（1）操作条件

1）常用化妆用品及工具。

2）常用发型用品及工具。

3）发饰品、服饰品、服装等。

4）模特（女性）：面部未经化妆，发型自然。

（2）操作内容

1）化妆准备工作。

2）皮肤的修饰。

3）面部比例调整。

4）脸形的修饰。

5）眉的修饰。

6）眼部修饰。

7）鼻部修饰。

8）脸颊修饰。

9）唇部修饰。

10）整体效果。

11）化妆结束工作。

12）个人仪表。

13）人际交流与沟通。

14）主题思想表述。

（3）操作要求

1）化妆准备工作

①工作有条不紊。

②物品摆放整齐合理。

③化妆品及相关用品备齐。

④模特妆前准备（头带、胸巾）。

2）皮肤的修饰

①粉底修饰自然、真实，体现当前流行风格。

②皮肤的修饰符合酷感前卫时尚女性的肤色与肤质。

③粉底涂抹均匀，肤质细腻。

④肤色自然、健康。

3）面部比例调整

①通过化妆技术合理调整面部基本比例，达到美的要求。

②三庭五眼比例调整恰当。

③面部基本比例调整恰当。

④五官与面部比例匀称。

4）脸形的修饰

①体现酷感前卫时尚女性的真实感。

②把握修饰尺度，不因矫正而失真。

③自然，不生硬。

④修饰技巧运用合理。

5）眉的修饰

①自然，具有流行感。

②对称。

③流畅，浓淡适宜。

④符合妆型及模特的特点。

6）眼部修饰

①眼部色彩柔和、简洁。

②眼线线条流畅，眼形完美。

③睫毛刻画自然。

④眼部修饰适合眼形。

7）鼻部修饰

①符合对酷感前卫时尚女性的刻画。

②鼻影修饰不露痕迹。

③修饰适度。

④无生硬感。

8）脸颊修饰

①腮红部位准确。

②色彩柔和、自然。

③与脸部色调统一。

④适合脸形与气质。

9）唇部修饰

①唇形完美。

②唇形适合妆型。

③唇色柔美、自然。

④唇色与整体色调搭配协调。

10）整体效果

①妆型定位准确。

②突出酷感前卫时尚女性的自然、真实。

③局部与整体相协调，达到美的统一。

④符合妆型及人物气质特点。

11）化妆结束工作

①为顾客整理衣物。

②引领顾客离场。

③清理工作台。

④保持环境卫生。

12）个人仪表

①束发。

②无发丝下垂。

③化淡妆。

④仪容仪表得体。

13）人际交流与沟通

①微笑待客。

②使用礼貌用语“您好”“请”“谢谢”等。

③能适当运用身体语言为顾客服务。

④在操作全过程中，体现“顾客至上”的精神。

14）主题思想表述

①口述完整的设计构思。

②思路清晰，逻辑性强。

③围绕主题，表达能力强。

④用语专业，简洁明了。

2. 评分表

试题代码及名称		2.2.2 生活时尚妆——酷感前卫的时尚女性整体造型			考核时间			50 min		
评价要素		配分	等级	评分细则	评定等级					得分
					A	B	C	D	E	
1	化妆准备工作 （1）工作有条不紊 （2）物品摆放整齐合理 （3）化妆品及相关用品备齐 （4）模特妆前准备（头带、胸巾）	1	A	全部达到要求						
			B	一项达不到要求						
			C	两项达不到要求						
			D	三项达不到要求						
			E	差或未答题						
2	皮肤的修饰 （1）粉底修饰自然、真实，体现当前流行风格 （2）皮肤的修饰符合酷感前卫时尚女性的肤色与肤质 （3）粉底涂抹均匀，肤质细腻 （4）肤色自然、健康	4	A	全部达到要求						
			B	一项达不到要求						
			C	两项达不到要求						
			D	三项达不到要求						
			E	差或未答题						

续表

<table>
<tr><td colspan="2">试题代码及名称</td><td colspan="3">2.2.2　生活时尚妆——
酷感前卫的时尚女性整体造型</td><td colspan="3">考核时间</td><td colspan="3">50 min</td></tr>
<tr><td colspan="2" rowspan="2">评价要素</td><td rowspan="2">配分</td><td rowspan="2">等级</td><td rowspan="2">评分细则</td><td colspan="5">评定等级</td><td rowspan="2">得分</td></tr>
<tr><td>A</td><td>B</td><td>C</td><td>D</td><td>E</td></tr>
<tr><td rowspan="5">3</td><td rowspan="5">面部比例调整
（1）通过化妆技术合理调整面部基本比例，达到美的要求
（2）三庭五眼比例调整恰当
（3）面部基本比例调整恰当
（4）五官与面部比例匀称</td><td rowspan="5">3</td><td>A</td><td>全部达到要求</td><td rowspan="5"></td><td rowspan="5"></td><td rowspan="5"></td><td rowspan="5"></td><td rowspan="5"></td><td rowspan="5"></td></tr>
<tr><td>B</td><td>一项达不到要求</td></tr>
<tr><td>C</td><td>两项达不到要求</td></tr>
<tr><td>D</td><td>三项达不到要求</td></tr>
<tr><td>E</td><td>差或未答题</td></tr>
<tr><td rowspan="5">4</td><td rowspan="5">脸形的修饰
（1）体现酷感前卫时尚女性的真实感
（2）把握修饰尺度，不因矫正而失真
（3）自然，不生硬
（4）修饰技巧运用合理</td><td rowspan="5">3</td><td>A</td><td>全部达到要求</td><td rowspan="5"></td><td rowspan="5"></td><td rowspan="5"></td><td rowspan="5"></td><td rowspan="5"></td><td rowspan="5"></td></tr>
<tr><td>B</td><td>一项达不到要求</td></tr>
<tr><td>C</td><td>两项达不到要求</td></tr>
<tr><td>D</td><td>三项达不到要求</td></tr>
<tr><td>E</td><td>差或未答题</td></tr>
<tr><td rowspan="5">5</td><td rowspan="5">眉的修饰
（1）自然，具有流行感
（2）对称
（3）流畅，浓淡适宜
（4）符合妆型及模特的特点</td><td rowspan="5">4</td><td>A</td><td>全部达到要求</td><td rowspan="5"></td><td rowspan="5"></td><td rowspan="5"></td><td rowspan="5"></td><td rowspan="5"></td><td rowspan="5"></td></tr>
<tr><td>B</td><td>一项达不到要求</td></tr>
<tr><td>C</td><td>两项达不到要求</td></tr>
<tr><td>D</td><td>三项达不到要求</td></tr>
<tr><td>E</td><td>差或未答题</td></tr>
<tr><td rowspan="5">6</td><td rowspan="5">眼部修饰
（1）眼部色彩柔和、简洁
（2）眼线线条流畅，眼形完美
（3）睫毛刻画自然
（4）眼部修饰适合眼形</td><td rowspan="5">5</td><td>A</td><td>全部达到要求</td><td rowspan="5"></td><td rowspan="5"></td><td rowspan="5"></td><td rowspan="5"></td><td rowspan="5"></td><td rowspan="5"></td></tr>
<tr><td>B</td><td>一项达不到要求</td></tr>
<tr><td>C</td><td>两项达不到要求</td></tr>
<tr><td>D</td><td>三项达不到要求</td></tr>
<tr><td>E</td><td>差或未答题</td></tr>
<tr><td rowspan="5">7</td><td rowspan="5">鼻部修饰
（1）符合对酷感前卫时尚女性的刻画
（2）鼻影修饰不露痕迹
（3）修饰适度
（4）无生硬感</td><td rowspan="5">2</td><td>A</td><td>全部达到要求</td><td rowspan="5"></td><td rowspan="5"></td><td rowspan="5"></td><td rowspan="5"></td><td rowspan="5"></td><td rowspan="5"></td></tr>
<tr><td>B</td><td>一项达不到要求</td></tr>
<tr><td>C</td><td>两项达不到要求</td></tr>
<tr><td>D</td><td>三项达不到要求</td></tr>
<tr><td>E</td><td>差或未答题</td></tr>
</table>

续表

试题代码及名称		2.2.2　生活时尚妆——酷感前卫的时尚女性整体造型			考核时间		50 min			
评价要素		配分	等级	评分细则	评定等级					得分
					A	B	C	D	E	
8	脸颊修饰 （1）腮红部位准确 （2）色彩柔和、自然 （3）与脸部色调统一 （4）适合脸形与气质	2	A	全部达到要求						
			B	一项达不到要求						
			C	两项达不到要求						
			D	三项达不到要求						
			E	差或未答题						
9	唇部修饰 （1）唇形完美 （2）唇形适合妆型 （3）唇色柔美、自然 （4）唇色与整体色调搭配协调	2	A	全部达到要求						
			B	一项达不到要求						
			C	两项达不到要求						
			D	三项达不到要求						
			E	差或未答题						
10	整体效果 （1）妆型定位准确 （2）突出酷感前卫时尚女性的自然、真实 （3）局部与整体相协调，达到美的统一 （4）符合妆型及人物气质特点	7	A	全部达到要求						
			B	一项达不到要求						
			C	两项达不到要求						
			D	三项达不到要求						
			E	差或未答题						
11	化妆结束工作 （1）为顾客整理衣物 （2）引领顾客离场 （3）清理工作台 （4）保持环境卫生	1	A	全部达到要求						
			B	一项达不到要求						
			C	两项达不到要求						
			D	三项达不到要求						
			E	差或未答题						
12	个人仪表 （1）束发 （2）无发丝下垂 （3）化淡妆 （4）仪容仪表得体	1	A	全部达到要求						
			B	一项达不到要求						
			C	两项达不到要求						
			D	三项达不到要求						
			E	差或未答题						

续表

<table>
<tr><td colspan="2">试题代码及名称</td><td colspan="3">2.2.2　生活时尚妆——
酷感前卫的时尚女性整体造型</td><td colspan="5">考核时间</td><td>50 min</td></tr>
<tr><td colspan="2" rowspan="2">评价要素</td><td rowspan="2">配分</td><td rowspan="2">等级</td><td rowspan="2">评分细则</td><td colspan="5">评定等级</td><td rowspan="2">得分</td></tr>
<tr><td>A</td><td>B</td><td>C</td><td>D</td><td>E</td></tr>
<tr><td rowspan="5">13</td><td rowspan="5">人际交流与沟通
（1）微笑待客
（2）使用礼貌用语“您好”“请”“谢谢”等
（3）能适当运用身体语言为顾客服务
（4）在操作全过程中，体现“顾客至上”的精神</td><td rowspan="5">5</td><td>A</td><td>全部达到要求</td><td rowspan="5"></td><td rowspan="5"></td><td rowspan="5"></td><td rowspan="5"></td><td rowspan="5"></td><td rowspan="5"></td></tr>
<tr><td>B</td><td>一项达不到要求</td></tr>
<tr><td>C</td><td>两项达不到要求</td></tr>
<tr><td>D</td><td>三项达不到要求</td></tr>
<tr><td>E</td><td>差或未答题</td></tr>
<tr><td rowspan="5">14</td><td rowspan="5">主题思想表述
（1）口述完整的设计构思
（2）思路清晰，逻辑性强
（3）围绕主题，表达能力强
（4）用语专业，简洁明了</td><td rowspan="5">5</td><td>A</td><td>全部达到要求</td><td rowspan="5"></td><td rowspan="5"></td><td rowspan="5"></td><td rowspan="5"></td><td rowspan="5"></td><td rowspan="5"></td></tr>
<tr><td>B</td><td>一项达不到要求</td></tr>
<tr><td>C</td><td>两项达不到要求</td></tr>
<tr><td>D</td><td>三项达不到要求</td></tr>
<tr><td>E</td><td>差或未答题</td></tr>
<tr><td colspan="2">合计配分</td><td>45</td><td colspan="7">合计得分</td><td></td></tr>
</table>

等级	A（优）	B（良）	C（及格）	D（较差）	E（差或未答题）
比值	1.0	0.8	0.6	0.2	0

“评价要素”得分＝配分×等级比值。

三、生活时尚妆——当季都市时尚女性整体造型（试题代码：2.2.3；考核时间：50 min）

1. 试题单

（1）操作条件

1）常用化妆用品及工具。

2）常用发型用品及工具。

3）发饰品、服饰品、服装等。

4）模特（女性）：面部未经化妆，发型自然。

（2）操作内容

1）化妆准备工作。
2）皮肤的修饰。
3）面部比例调整。
4）脸形的修饰。
5）眉的修饰。
6）眼部修饰。
7）鼻部修饰。
8）脸颊修饰。
9）唇部修饰。
10）整体效果。
11）化妆结束工作。
12）个人仪表。
13）人际交流与沟通。
14）主题思想表述。

（3）操作要求

1）化妆准备工作

①工作有条不紊。
②物品摆放整齐合理。
③化妆品及相关用品备齐。
④模特妆前准备（头带、胸巾）。

2）皮肤的修饰

①粉底修饰自然、真实，体现当前流行风格。
②皮肤的修饰符合当季都市时尚女性的肤色与肤质。
③粉底涂抹均匀，肤质细腻。
④肤色自然、健康。

3）面部比例调整

①通过化妆技术合理调整面部基本比例，达到美的要求。

②三庭五眼比例调整恰当。

③面部基本比例调整恰当。

④五官与面部比例匀称。

4）脸形的修饰

①体现当季都市时尚女性的真实感。

②把握修饰尺度，不因矫正而失真。

③自然，不生硬。

④修饰技巧运用合理。

5）眉的修饰

①自然，具有流行感。

②对称。

③流畅，浓淡适宜。

④符合妆型及模特的特点。

6）眼部修饰

①眼部色彩柔和、简洁。

②眼线线条流畅，眼形完美。

③睫毛刻画自然。

④眼部修饰适合眼形。

7）鼻部修饰

①符合对当季都市时尚女性的刻画。

②鼻影修饰不露痕迹。

③修饰适度。

④无生硬感。

8）脸颊修饰

①腮红部位准确。

②色彩柔和、自然。

③与脸部色调统一。

④适合脸形与气质。

9）唇部修饰

①唇形完美。

②唇形适合妆型。

③唇色柔美、自然。

④唇色与整体色调搭配协调。

10）整体效果

①妆型定位准确。

②突出当季都市时尚女性的自然、真实。

③局部与整体相协调，达到美的统一。

④符合妆型及人物气质特点。

11）化妆结束工作

①为顾客整理衣物。

②引领顾客离场。

③清理工作台。

④保持环境卫生。

12）个人仪表

①束发。

②无发丝下垂。

③化淡妆。

④仪容仪表得体。

13）人际交流与沟通

①微笑待客。

②使用礼貌用语“您好”“请”“谢谢”等。

③能适当运用身体语言为顾客服务。

④在操作全过程中，体现“顾客至上”的精神。

14）主题思想表述

①口述完整的设计构思。

②思路清晰，逻辑性强。

③围绕主题，表达能力强。

④用语专业，简洁明了。

2. 评分表

<table>
<tr><td colspan="2">试题代码及名称</td><td colspan="3">2.2.3 生活时尚妆——
当季都市时尚女性整体造型</td><td colspan="3">考核时间</td><td colspan="3">50 min</td></tr>
<tr><td colspan="2" rowspan="2">评价要素</td><td rowspan="2">配分</td><td rowspan="2">等级</td><td rowspan="2">评分细则</td><td colspan="5">评定等级</td><td rowspan="2">得分</td></tr>
<tr><td>A</td><td>B</td><td>C</td><td>D</td><td>E</td></tr>
<tr><td rowspan="5">1</td><td rowspan="5">化妆准备工作
(1) 工作有条不紊
(2) 物品摆放整齐合理
(3) 化妆品及相关用品备齐
(4) 模特妆前准备（头带、胸巾）</td><td rowspan="5">1</td><td>A</td><td>全部达到要求</td><td rowspan="5"></td><td rowspan="5"></td><td rowspan="5"></td><td rowspan="5"></td><td rowspan="5"></td><td rowspan="5"></td></tr>
<tr><td>B</td><td>一项达不到要求</td></tr>
<tr><td>C</td><td>两项达不到要求</td></tr>
<tr><td>D</td><td>三项达不到要求</td></tr>
<tr><td>E</td><td>差或未答题</td></tr>
<tr><td rowspan="5">2</td><td rowspan="5">皮肤的修饰
(1) 粉底修饰自然、真实，体现当前流行风格
(2) 皮肤的修饰符合当季都市时尚女性的肤色与肤质
(3) 粉底涂抹均匀，肤质细腻
(4) 肤色自然、健康</td><td rowspan="5">4</td><td>A</td><td>全部达到要求</td><td rowspan="5"></td><td rowspan="5"></td><td rowspan="5"></td><td rowspan="5"></td><td rowspan="5"></td><td rowspan="5"></td></tr>
<tr><td>B</td><td>一项达不到要求</td></tr>
<tr><td>C</td><td>两项达不到要求</td></tr>
<tr><td>D</td><td>三项达不到要求</td></tr>
<tr><td>E</td><td>差或未答题</td></tr>
<tr><td rowspan="5">3</td><td rowspan="5">面部比例调整
(1) 通过化妆技术合理调整面部基本比例，达到美的要求
(2) 三庭五眼比例调整恰当
(3) 面部基本比例调整恰当
(4) 五官与面部比例匀称</td><td rowspan="5">3</td><td>A</td><td>全部达到要求</td><td rowspan="5"></td><td rowspan="5"></td><td rowspan="5"></td><td rowspan="5"></td><td rowspan="5"></td><td rowspan="5"></td></tr>
<tr><td>B</td><td>一项达不到要求</td></tr>
<tr><td>C</td><td>两项达不到要求</td></tr>
<tr><td>D</td><td>三项达不到要求</td></tr>
<tr><td>E</td><td>差或未答题</td></tr>
<tr><td rowspan="5">4</td><td rowspan="5">脸形的修饰
(1) 体现当季都市时尚女性的真实感
(2) 把握修饰尺度，不因矫正而失真
(3) 自然，不生硬
(4) 修饰技巧运用合理</td><td rowspan="5">3</td><td>A</td><td>全部达到要求</td><td rowspan="5"></td><td rowspan="5"></td><td rowspan="5"></td><td rowspan="5"></td><td rowspan="5"></td><td rowspan="5"></td></tr>
<tr><td>B</td><td>一项达不到要求</td></tr>
<tr><td>C</td><td>两项达不到要求</td></tr>
<tr><td>D</td><td>三项达不到要求</td></tr>
<tr><td>E</td><td>差或未答题</td></tr>
</table>

续表

试题代码及名称		2.2.3 生活时尚妆—— 当季都市时尚女性整体造型			考核时间		50 min			
评价要素		配分	等级	评分细则	评定等级					得分
					A	B	C	D	E	
5	眉的修饰 （1）自然，具有流行感 （2）对称 （3）流畅，浓淡适宜 （4）符合妆型及模特的特点	4	A	全部达到要求						
			B	一项达不到要求						
			C	两项达不到要求						
			D	三项达不到要求						
			E	差或未答题						
6	眼部修饰 （1）眼部色彩柔和、简洁 （2）眼线线条流畅，眼形完美 （3）睫毛刻画自然 （4）眼部修饰适合眼形	5	A	全部达到要求						
			B	一项达不到要求						
			C	两项达不到要求						
			D	三项达不到要求						
			E	差或未答题						
7	鼻部修饰 （1）符合对当季都市时尚女性的刻画 （2）鼻影修饰不露痕迹 （3）修饰适度 （4）无生硬感	2	A	全部达到要求						
			B	一项达不到要求						
			C	两项达不到要求						
			D	三项达不到要求						
			E	差或未答题						
8	脸颊修饰 （1）腮红部位准确 （2）色彩柔和、自然 （3）与脸部色调统一 （4）适合脸形与气质	2	A	全部达到要求						
			B	一项达不到要求						
			C	两项达不到要求						
			D	三项达不到要求						
			E	差或未答题						
9	唇部修饰 （1）唇形完美 （2）唇形适合妆型 （3）唇色柔美、自然 （4）唇色与整体色调搭配协调	2	A	全部达到要求						
			B	一项达不到要求						
			C	两项达不到要求						
			D	三项达不到要求						
			E	差或未答题						

续表

试题代码及名称		2.2.3 生活时尚妆——当季都市时尚女性整体造型			考核时间	50 min				
评价要素		配分	等级	评分细则	评定等级					得分
					A	B	C	D	E	
10	整体效果 (1) 妆型定位准确 (2) 突出当季都市时尚女性的自然、真实 (3) 局部与整体相协调，达到美的统一 (4) 符合妆型及人物气质特点	7	A	全部达到要求						
			B	一项达不到要求						
			C	两项达不到要求						
			D	三项达不到要求						
			E	差或未答题						
11	化妆结束工作 (1) 为顾客整理衣物 (2) 引领顾客离场 (3) 清理工作台 (4) 保持环境卫生	1	A	全部达到要求						
			B	一项达不到要求						
			C	两项达不到要求						
			D	三项达不到要求						
			E	差或未答题						
12	个人仪表 (1) 束发 (2) 无发丝下垂 (3) 化淡妆 (4) 仪容仪表得体	1	A	全部达到要求						
			B	一项达不到要求						
			C	两项达不到要求						
			D	三项达不到要求						
			E	差或未答题						
13	人际交流与沟通 (1) 微笑待客 (2) 使用礼貌用语“您好”“请”“谢谢”等 (3) 能适当运用身体语言为顾客服务 (4) 在操作全过程中，体现“顾客至上”的精神	5	A	全部达到要求						
			B	一项达不到要求						
			C	两项达不到要求						
			D	三项达不到要求						
			E	差或未答题						

续表

<table>
<tr><td colspan="2">试题代码及名称</td><td colspan="3">2.2.3 生活时尚妆——
当季都市时尚女性整体造型</td><td colspan="5">考核时间</td><td>50 min</td></tr>
<tr><td colspan="2" rowspan="2">评价要素</td><td rowspan="2">配分</td><td rowspan="2">等级</td><td rowspan="2">评分细则</td><td colspan="5">评定等级</td><td rowspan="2">得分</td></tr>
<tr><td>A</td><td>B</td><td>C</td><td>D</td><td>E</td></tr>
<tr><td rowspan="5">14</td><td rowspan="5">主题思想表述
（1）口述完整的设计构思
（2）思路清晰，逻辑性强
（3）围绕主题，表达能力强
（4）用语专业，简洁明了</td><td rowspan="5">5</td><td>A</td><td>全部达到要求</td><td rowspan="5"></td><td rowspan="5"></td><td rowspan="5"></td><td rowspan="5"></td><td rowspan="5"></td><td rowspan="5"></td></tr>
<tr><td>B</td><td>一项达不到要求</td></tr>
<tr><td>C</td><td>两项达不到要求</td></tr>
<tr><td>D</td><td>三项达不到要求</td></tr>
<tr><td>E</td><td>差或未答题</td></tr>
<tr><td colspan="2">合计配分</td><td>45</td><td colspan="7">合计得分</td><td></td></tr>
</table>

等级	A（优）	B（良）	C（及格）	D（较差）	E（差或未答题）
比值	1.0	0.8	0.6	0.2	0

“评价要素”得分＝配分×等级比值。

第5部分

理论知识考试模拟试卷及答案

化妆师（五级）理论知识试卷

注 意 事 项

1. 考试时间：90 min。
2. 请首先按要求在试卷的标封处填写您的姓名、准考证号和所在单位的名称。
3. 请仔细阅读各种题目的回答要求，在规定的位置填写您的答案。
4. 不要在试卷上乱写乱画，不要在标封区填写无关的内容。

	一	二	总分
得分			

得分	
评分人	

一、判断题（第1题～第60题。将判断结果填入括号中。正确的填“√”，错误的填“×”。每题0.5分，满分30分。）

1. 被称为“啼妆”的妆容流行于我国宋代。（ ）
2. 人类主要靠体态语言和面部语言来传递信息、表达情意。（ ）
3. 表情语言要求：真诚自然、适度得体、协调专一。（ ）

4. 眼睛扁平者，睫毛夹应该选择弧度大些的。（　）

5. 水平晕染有3种方法。（　）

6. 青年女性适用橙红色，使妆面效果热情奔放。（　）

7. 涂抹眼影时，应将暗色眼影涂在眼睛凹陷处。（　）

8. 晚宴妆的眼影色可以色彩丰富、艳丽、对比较强。（　）

9. 深咖啡搭配浅黄使妆型偏冷脱俗。（　）

10. 化妆时，腮红色与眼影色要协调。（　）

11. 紫色、蓝色等冷色系服装适合朱红色、棕红色口红。（　）

12. 肤色偏黄的人，唇膏应该选用桃红色。（　）

13. 三原色是红、黄、紫。（　）

14. 嘴唇过薄，唇膏应选用偏暖的色彩。（　）

15. 唇角下垂，唇角略向上挑画。（　）

16. 小尖鼻鼻梁宽大，看起来粗大。（　）

17. 鼻子过长，鼻头上应涂抹影色。（　）

18. 在服务交际中，化妆师必须随时留意自己的表情，以便顾客能正确理解自己的意思。（　）

19. 化妆海绵可使粉底涂抹均匀，并与皮肤紧贴自然。（　）

20. 很紧的单眼皮使用美目贴效果较佳。（　）

21. 液状眼影适合油性皮肤。（　）

22. 美目贴要剪成比眼长略短一些的月牙形。（　）

23. 粉饼适合冬季使用。（　）

24. 化妆师的语言必须灵活，“以明其心，顺其意”，使顾客高兴而来，扫兴而去。（　）

25. 圆眼睛涂眼影时宜选靠两眼角处颜色较深暗。（　）

26. 眼睛过小，可选择美目贴，以使眼睛显大。（　）

27. 眉残缺的修饰要注意缺哪儿补哪儿，应与原来眉毛混合。（　）

28. 标准眼形上眼睑的弧度最高点位于1/2处。（　）

29. 眼睛的修饰主要由眼影的描绘和眼线的勾画这两部分完成。（ ）
30. 向心形眼睛的眼影晕染方法是内眼角用深色眼影收敛。（ ）
31. 正三角形脸必须使头发的线条离下颏线近，使额头看起来宽广一些。（ ）
32. 圆形脸适合丰满的嘴唇。（ ）
33. 方形脸在梳理发型时，顶部头发不宜过高或蓬松。（ ）
34. 遮黑痣用浅肉色。（ ）
35. 眼距过宽使人有迟钝感。（ ）
36. 倒三角形脸唇膏的颜色宜选择冷色。（ ）
37. 在不同色相中，黑色和白色也是对比色。（ ）
38. 古铜妆的腮红尽量不要选用偏粉红色。（ ）
39. 带有珠光感的透明唇蜜较适合古铜妆使用。（ ）
40. 主色调搭配多体现在多色眼影的搭配上。（ ）
41. 薄而尖突的嘴唇，一般是唇峰高，唇廓线不圆润。（ ）
42. 宴会妆要特别注意在身体其他裸露部位也涂上粉底。（ ）
43. 端庄、稳重的典雅妆是中年女性的化妆宗旨。（ ）
44. 菱形脸留刘海可以给前额增添饱满感。（ ）
45. 对称的线条可以达到拉长脸形的效果。（ ）
46. 生活化妆是技术的体现，只需强调方法和手段，不必花时间整体构思。（ ）
47. 妆型应根据不同的场合、不同的脸形而有所不同。（ ）
48. 雀斑的修饰方法是将肤色抹成小麦色。（ ）
49. 长形脸腮红重点在增加宽度感。（ ）
50. 新娘妆妆型圆润、柔和，充分展示女性的端庄、姣美和纯洁。（ ）
51. 整体服装的色彩若为紫红色，选用紫红色口红最为合适。（ ）
52. 服饰配件的色彩冷暖应与服装、妆面的色彩冷暖协调一致。（ ）
53. 为了得到适合的妆面，化妆前应对化妆对象的服装进行了解。（ ）
54. 领带是西装的配饰，主要用于男性，因此被称为“男性的象征”。（ ）
55. 项圈不属于头饰。（ ）

56. 服饰配件根据所处的身体部位可分为头饰、颈饰、胸饰、腰饰、腕饰、手饰和脚饰。（ ）

57. 饰品的尺寸大小会直接影响饰品的色彩感。（ ）

58. 20世纪40年代，唇的修饰风格不同于其他时代。（ ）

59. 可作为辅助工具，帮助粘贴固定假睫毛的工具是镊子。（ ）

60. 体态语言与有声语言相比，最大的特点是表情性更强。（ ）

得分	
评分人	

二、单项选择题（第1题～第70题。选择一个正确的答案，将相应的字母填入题内的括号中。每题1分，满分70分。）

1. 汉代流行“泪妆”，其妆容特点是（ ）。

A. 只以白粉涂面　　B. 眉毛画成“八”字形

C. 脸上粘贴似泪珠的饰物　　D. 在额部饰以黄粉

2. 化妆师对于语言这种特殊艺术形式，必须认真学习、潜心研究、细心琢磨，通过工作不断（ ）。

A. 提高　　B. 深化　　C. 实践　　D. 总结

3. 在两人之间的沟通过程中，有（ ）的信息是通过体态语言来表达的。

A. 35%　　B. 45%　　C. 55%　　D. 65%

4. 表情语言要求（ ）。

A. 真诚自然　　B. 适度得体　　C. 协调专一　　D. 以上均正确

5. 切实有效、实用可行、（ ）、易学易会、便于操作是礼仪的特性。

A. 规则简明　　B. 受人尊敬　　C. 准确把握　　D. 谨慎对待

6. 通过礼仪教育，逐渐使人们树立一种道德（ ）。

A. 信念　　B. 准则　　C. 规范　　D. 约束

7. 零散型假睫毛不太适合（ ）使用。

A. 浓妆　　B. 淡妆

C. 局部睫毛修补　　D. 睫毛条件不好的情况

8. 生活中用美目贴时一般（　　）。

A. 贴 3～5 层　　B. 剪得较厚

C. 剪得比眼睛略长　　D. 剪得较细

9. 拔眉毛时，应（　　）方向拔除。

A. 顺着眉毛生长　　B. 逆着眉毛生长

C. 90°　　D. 任意

10. 上眼线略粗，下眼线略细，上下眼线的着重色比例为（　　）。

A. 4∶5　　B. 7∶3　　C. 2∶1　　D. 3∶6

11. （　　）不适合生活中画眉。

A. 灰色　　B. 棕色　　C. 黑色　　D. 蓝色

12. 调整修饰唇部轮廓，防止唇膏外溢可选择（　　）。

A. 唇蜜　　B. 唇线笔　　C. 眉笔　　D. 唇彩

13. 最适合用深色散粉的妆型是（　　）。

A. 新娘妆　　B. 男性妆　　C. 唐妆　　D. 古妆

14. 为加强轮廓感，最适合选用（　　）的腮红。

A. 肉粉色　　B. 极鲜艳

C. 明度和纯度较低　　D. 明度和纯度较高

15. （　　）可以与任意色调的妆面协调。

A. 蓝色系　　B. 青色系　　C. 无彩色系　　D. 绿色系

16. 一般来说，（　　）总是比较容易协调。

A. 对比色与邻近色　　B. 互补色与对比色

C. 互补色与同类色　　D. 同类色与邻近色

17. 可把（　　）理解为正立方体切削而成的多面球体。

A. 圆锥体　　B. 圆球体　　C. 圆柱体　　D. 正方体

18. 五官的形态特征，决定了对象的表情和（　　）。

A. 状态　　B. 性质　　C. 神态　　D. 体态

19. 石膏五官除了要表现它的结构特征外，还要注意刻画它的（　　）。

A. 位置　　B. 形态特征　　C. 颜色　　D. 明暗

20. 用（　　）概括头部，便于掌握头部的空间结构。

A. 立方体　　B. 圆柱体　　C. 多边形　　D. 梯形

21. 在面部加放饰物是古代重要的化妆手法，被后人称为（　　）。

A. 面饰　　B. 花钿　　C. 靥钿　　D. 修饰

22. 美学家通过黄金分割法分析，得出人的五官比例分布以（　　）为标准。

A. 三庭五眼　　B. 三眼五庭　　C. 四庭五眼　　D. 四眼五庭

23. 一般来说，（　　）的长度相当于鼻子的长度，上端约在眉线位置，下端在鼻尖附近。

A. 眼睛　　B. 眉毛　　C. 嘴巴　　D. 耳朵

24. 两眼外眦至鼻尖构成（　　）。

A. 圆柱形　　B. 等腰三角形　　C. 方形　　D. 圆形

25. 皮肤白皙显得（　　）。

A. 病态　　B. 雅致文静　　C. 健康　　D. 时尚

26. 同色相或近色相配色，常用不同色调以取调和，称为（　　）。

A. 强调色　　B. 同系异色调　　C. 对照色　　D. 同色调

27. （　　）不必涂鼻侧影。

A. 鼻翼宽大　　B. 狮子鼻　　C. 鼻子过短　　D. 鼻梁太窄

28. （　　）皮肤者容易脱妆。

A. 干性　　B. 敏感性　　C. 油性　　D. 衰老性

29. 正三角形脸又称（　　）。

A. 梨形脸　　B. 圆形脸　　C. 方形脸　　D. 倒三角形脸

30. 椭圆形脸长与宽之比为（　　）。

A. 3∶4　　B. 4∶3　　C. 2∶1　　D. 5∶3

31. “三庭”是指将脸部的长度比例平均分成（　　）等份。

A. 3　　B. 4　　C. 5　　D. 6

32. 干性皮肤的特点是（　　）。

A. 易长粉刺、易留疤痕　　B. 皮肤薄而多小皱纹

C. 肤色均匀、毛孔细致　　D. 易过敏、起红疹

33. 下列对生活化妆特点的描述，说法错误的是（　　）。

A. 生活化妆以自然为原则

B. 生活化妆要做到“浓妆淡抹总相宜”

C. 生活化妆为达到妆面完美，应尽量多使用修饰手段，如粘贴假睫毛

D. 生活化妆只能适度、小心地夸张修饰

34. 冷色调肤色的亚洲女性不适合（　　）。

A. 驼色　　B. 深红色　　C. 玫瑰红色　　D. 淡紫粉色

35. 不会影响脸形的凸出的面是（　　）。

A. 下颏　　B. 额部　　C. 颧骨　　D. 鼻骨

36. 上妆前，可以用（　　）化妆品清洁皮肤。

A. 粉饰类　　B. 护肤类　　C. 治疗类　　D. 洁肤类

37. 洁肤是化妆步骤的（　　）。

A. 第一步　　B. 第二步　　C. 第三步　　D. 第四步

38. 化妆修饰前，（　　）不重要。

A. 整体构想　　B. 仔细观察

C. 及时沟通　　D. 化妆师的个人爱好

39. 脸形一般可以分为（　　）种。

A. 6　　B. 7　　C. 5　　D. 4

40. 修饰脸形可改变人的（　　）。

A. 肤色　　B. 性格　　C. 高矮　　D. 气质

41. 黑眼圈呈青黑色，可以选用（　　）。

A. 紫色遮瑕膏　　B. 绿色遮瑕膏

C. 橙色遮瑕膏　　D. 黄色遮瑕膏

42. 肌肤枯黄缺血的，应先选择（　　）粉底做局部调整，再用接近肤色的粉红色粉底整体涂抹。

A. 紫色　B. 浅绿色　C. 浅蓝色　D. 棕色

43. 涂抹粉底的基本方向是（　　）。

A. 由上向下、由内向外　B. 由下向上

C. 由外向内　D. 任意涂抹

44.（　　）不适合施太多定妆粉。

A. 油性皮肤　B. 达到亚光性粉底效果

C. 面部皱纹多　D. 易脱妆皮肤

45. 面部凹陷的面会影响脸形的是（　　）。

A. 眼窝　B. 颧窝　C. 鼻侧　D. 额沟

46. 修眉的第一步是（　　）。

A. 调整轮廓　B. 调整长度　C. 清洁　D. 护肤

47. 描画眉毛的时候，一般从（　　）开始下笔。

A. 眉头　B. 眉梢　C. 眉峰　D. 眉腰

48.（　　）被称为“心灵的窗户”。

A. 眼睛　B. 鼻子　C. 耳朵　D. 眉毛

49. 眼影能（　　）。

A. 强调眼部立体感　B. 增加眼神效果

C. 调整眼形　D. 让眼睛好看

50. 立体晕染方法的特点是通过（　　）来美化眼睛。

A. 色彩的变化　B. 创意

C. 色彩的明暗变化　D. 夸张的手法

51. 圆形脸给人以（　　）的感觉。

A. 老气　B. 单薄柔弱　C. 可爱稚气　D. 清高

52. 下列关于标准眼线的描绘，说法错误的是（　　）。

A. 上眼线长于下眼线　B. 上眼线弧度大于下眼线弧度

C. 上眼线浓于下眼线　D. 上眼线细于下眼线

53. 睫毛修饰的第二步是（　　）。

A. 粘假睫毛 B. 夹睫毛 C. 涂抹睫毛膏 D. 修剪假睫毛

54. 鼻子呈（ ）。

A. 圆球体 B. 方形体 C. 三角形锥体 D. 圆柱体

55. 标准唇形的下唇中心厚度是上唇中心厚度的（ ）倍。

A. 2 B. 3 C. 4 D. 5

56. 上唇结节上方有两个突起的峰，称为（ ）。

A. 唇谷 B. 唇峰 C. 嘴角 D. 唇色

57. 画唇线时，先由（ ）开始向嘴角描画，再将下唇线一笔画出。

A. 上唇任意位置 B. 唇珠

C. 嘴角 D. 唇峰

58. 颧弓与颧面的转角弧度大于（ ）。

A. 120° B. 100° C. 90° D. 110°

59. 圆形脸应用粉底在前发际线处和（ ）涂亮色。

A. 下颏 B. 两腮 C. 颧骨边 D. 太阳穴

60. （ ）适合两侧平梳而上，四边蓬松，采用不对称设计，以轻薄刘海为设计重点。

A. 方形脸 B. 钻石形脸 C. 圆形脸 D. 长形脸

61. 适用于社交场合的（ ）妆色可稍亮丽，但不失职业女性的端庄。

A. 职业妆 B. 小丑妆 C. 老年妆 D. 舞台妆

62. 宴会妆适用于气氛热烈、光线较（ ）的环境。

A. 弱 B. 强 C. 柔和 D. 任意

63. （ ）的肤色应白皙、透明，以突出新娘的纯洁之美。

A. 淡妆 B. 宴会妆 C. 职业妆 D. 新娘妆

64. （ ）的上眼线可适当加大弧度，显得眼睛圆润、甜美。

A. 新娘妆 B. 宴会妆 C. 职业妆 D. 淡妆

65. 在发型造型中，梳理发片的表面产生光滑流畅效果，通常使用（ ）。

A. 电热棒 B. 包发梳 C. 挑针梳 D. 手

66. 比较开朗的个性适合（ ）头发。

A. 中紫红色　　B. 铜红色　　C. 黑色　　D. 中褐色

67. 下列选项中，属于盘发类发式的是（　　）。

A. 打结　　B. 拧绳　　C. 发髻　　D. 发辫

68.（　　）是女士发型中最简便的发型，具有操作简单、梳理方便、样式典雅大方的特点。

A. 电卷发　　B. 直发　　C. 束发　　D. 大波浪

69. 吹男士中长发型时，要是有头缝的话，应先从（　　）开始。

A. 小边　　B. 两侧　　C. 顶发　　D. 前刘海

70. 吹长发时，需用排骨刷和（　　）配合整理，修饰定型。

A. 尖尾梳　　B. 包头梳　　C. 九行梳　　D. 卷筒梳

化妆师（五级）理论知识试卷答案

一、判断题（第1题～第60题。将判断结果填入括号中。正确的填“√”，错误的填“×”。每题0.5分，满分30分。）

1. ×	2. √	3. √	4. ×	5. ×	6. √	7. √	8. √	9. ×
10. √	11. ×	12. √	13. ×	14. √	15. √	16. ×	17. √	18. √
19. √	20. ×	21. √	22. √	23. ×	24. ×	25. ×	26. √	27. √
28. √	29. ×	30. ×	31. ×	32. ×	33. ×	34. ×	35. √	36. ×
37. √	38. √	39. √	40. √	41. √	42. √	43. √	44. √	45. ×
46. ×	47. √	48. ×	49. √	50. √	51. ×	52. √	53. √	54. √
55. √	56. √	57. √	58. √	59. √	60. ×			

二、单项选择题（第1题～第70题。选择一个正确的答案，将相应的字母填入题内的括号中。每题1分，满分70分。）

1. A	2. C	3. D	4. D	5. A	6. A	7. A	8. D	9. A
10. B	11. D	12. B	13. B	14. C	15. C	16. D	17. B	18. C
19. B	20. A	21. A	22. A	23. D	24. B	25. B	26. B	27. D
28. C	29. A	30. B	31. A	32. B	33. C	34. A	35. D	36. D
37. A	38. D	39. B	40. D	41. C	42. C	43. A	44. C	45. B
46. C	47. D	48. A	49. A	50. C	51. C	52. D	53. C	54. C
55. A	56. B	57. D	58. C	59. A	60. C	61. A	62. B	63. D
64. D	65. B	66. B	67. C	68. B	69. A	70. C		

第6部分

操作技能考核模拟试卷

注 意 事 项

1. 考生根据操作技能考核通知单中所列的试题做好考核准备。

2. 请考生仔细阅读试题单中具体考核内容和要求，并按要求完成操作或进行笔答或口答，若有笔答请考生在答题卷上完成。

3. 操作技能考核时要遵守考场纪律，服从考场管理人员指挥，以保证考核安全顺利进行。

注：操作技能鉴定试题评分表及答案是考评员对考生考核过程及考核结果的评分记录表，也是评分依据。

国家职业资格鉴定

化妆师（五级）操作技能考核通知单

姓名：

准考证号：

考核日期：

试题1

试题代码：1.1.1。

试题名称：眉眼彩妆设计稿——青年女性生活淡妆的眉眼彩妆设计稿。

考核时间：40 min。

配分：20分。

试题2

试题代码：2.1.1。

试题名称：青年女性生活职业妆。

考核时间：40 min。

配分：35分。

试题3

试题代码：2.2.1。

试题名称：生活时尚妆——天真可爱的时尚少女整体造型。

考核时间：50 min。

配分：45分。

化妆师（五级）操作技能鉴定

试　题　单

试题代码：1.1.1。

试题名称：眉眼彩妆设计稿——青年女性生活淡妆的眉眼彩妆设计稿。

考核时间：40 min。

1. 操作条件

（1）写生教室。

（2）写生照明灯、背景布、写生台。

（3）素描纸、画板、画架。

（4）24色彩色铅笔、绘图铅笔、眼影、眼影刷、眉笔、橡皮、美工刀、图钉。

2. 操作内容

（1）构图。

（2）造型。

（3）色彩。

（4）技法。

（5）神态。

（6）画面效果。

3. 操作要求

（1）构图

1）主体突出。

2）结构比例准确。

3）画面布局均衡。

4）大小适中。

（2）造型

1）抓住特征。

2）比例准确。

3）有立体感、空间感。

4）肖似对象。

（3）色彩

1）色彩丰富。

2）色调和谐。

3）明暗关系明确。

4）色彩关系明确。

（4）技法

1）排线布局条理明确。

2）熟练运用彩色铅笔表达画面效果。

3）熟练运用彩色铅笔表达画面层次感。

4）画面整洁。

（5）神态

1）表现生动。

2）神形肖似青年女性。

3）抓住形态特征。

4）表情刻画肖似。

（6）画面效果

1）整体描绘。

2）突出主题。

3）画面色彩丰富。

4）画面洁净。

化妆师（五级）操作技能鉴定

试题评分表及答案

考生姓名：　　　　　　　　准考证号：

试题代码及名称		1.1.1　眉眼彩妆设计稿——青年女性生活淡妆的眉眼彩妆设计稿			考核时间			40 min		
评价要素		配分	等级	评分细则	评定等级					得分
					A	B	C	D	E	
1	构图 （1）主体突出 （2）结构比例准确 （3）画面布局均衡 （4）大小适中	2	A	全部达到要求						
			B	一项达不到要求						
			C	两项达不到要求						
			D	三项达不到要求						
			E	差或未答题						
2	造型 （1）抓住特征 （2）比例准确 （3）有立体感、空间感 （4）肖似对象	5	A	全部达到要求						
			B	一项达不到要求						
			C	两项达不到要求						
			D	三项达不到要求						
			E	差或未答题						
3	色彩 （1）色彩丰富 （2）色调和谐 （3）明暗关系明确 （4）色彩关系明确	5	A	全部达到要求						
			B	一项达不到要求						
			C	两项达不到要求						
			D	三项达不到要求						
			E	差或未答题						
4	技法 （1）排线布局条理明确 （2）熟练运用彩色铅笔表达画面效果 （3）熟练运用彩色铅笔表达画面层次感 （4）画面整洁	3	A	全部达到要求						
			B	一项达不到要求						
			C	两项达不到要求						
			D	三项达不到要求						
			E	差或未答题						

续表

试题代码及名称		1.1.1　眉眼彩妆设计稿—— 青年女性生活淡妆的眉眼彩妆设计稿			考核时间			40 min		
评价要素		配分	等级	评分细则	评定等级					得分
					A	B	C	D	E	
5	神态 (1) 表现生动 (2) 神形肖似青年女性 (3) 抓住形态特征 (4) 表情刻画肖似	3	A	全部达到要求						
			B	一项达不到要求						
			C	两项达不到要求						
			D	三项达不到要求						
			E	差或未答题						
6	画面效果 (1) 整体描绘 (2) 突出主题 (3) 画面色彩丰富 (4) 画面洁净	2	A	全部达到要求						
			B	一项达不到要求						
			C	两项达不到要求						
			D	三项达不到要求						
			E	差或未答题						
合计配分		20	合计得分							

考评员（签名）：

等级	A（优）	B（良）	C（及格）	D（较差）	E（差或未答题）
比值	1.0	0.8	0.6	0.2	0

“评价要素”得分＝配分×等级比值。

化妆师（五级）操作技能鉴定

试　题　单

试题代码：2.1.1。

试题名称：青年女性生活职业妆。

考核时间：40 min。

1. 操作条件

（1）常用化妆用品及工具。

（2）常用发型用品及工具。

（3）发饰品、服饰品、服装等。

（4）模特（女性）：面部未经化妆，发型自然。

2. 操作内容

（1）化妆准备工作。

（2）皮肤的修饰。

（3）面部比例调整。

（4）脸形的修饰。

（5）眉的修饰。

（6）眼部修饰。

（7）鼻部修饰。

（8）脸颊修饰。

（9）唇部修饰。

（10）整体效果。

（11）化妆结束工作。

（12）个人仪表。

（13）人际交流与沟通。

3. 操作要求

(1) 化妆准备工作

1) 工作有条不紊。

2) 物品摆放整齐合理。

3) 化妆品及相关用品备齐。

4) 模特妆前准备（头带、胸巾）。

(2) 皮肤的修饰

1) 粉底修饰自然、真实，体现当前流行风格。

2) 皮肤的修饰符合青年女性生活职业妆要求的肤色与肤质。

3) 粉底涂抹均匀，肤质细腻。

4) 肤色自然、健康。

(3) 面部比例调整

1) 通过化妆技术合理调整面部基本比例，达到美的要求。

2) 三庭五眼比例调整恰当。

3) 面部基本比例调整恰当。

4) 五官与面部比例匀称。

(4) 脸形的修饰

1) 体现青年女性生活职业妆的真实感。

2) 把握修饰尺度，不因矫正而失真。

3) 自然，不生硬。

4) 修饰技巧运用合理。

(5) 眉的修饰

1) 自然，具有流行感。

2) 对称。

3) 流畅，浓淡适宜。

4) 符合妆型及模特的特点。

(6) 眼部修饰

1) 眼部色彩柔和、简洁。

2）眼线线条流畅，眼形完美。

3）睫毛刻画自然。

4）眼部修饰适合眼形。

（7）鼻部修饰

1）符合对青年女性生活职业妆的刻画。

2）鼻影修饰不露痕迹。

3）修饰适度。

4）无生硬感。

（8）脸颊修饰

1）腮红部位准确。

2）色彩柔和、自然。

3）与脸部色调统一。

4）适合脸形与气质。

（9）唇部修饰

1）唇形完美。

2）唇形适合妆型。

3）唇色柔美、自然。

4）唇色与整体色调搭配协调。

（10）整体效果

1）妆型定位准确。

2）突出青年女性生活职业妆的自然、真实。

3）局部与整体相协调，达到美的统一。

4）符合妆型及人物气质特点。

（11）化妆结束工作

1）为顾客整理衣物。

2）引领顾客离场。

3）清理工作台。

4）保持环境卫生。

（12）个人仪表

1）束发。

2）无发丝下垂。

3）化淡妆。

4）仪容仪表得体。

（13）人际交流与沟通

1）微笑待客。

2）使用礼貌用语“您好”“请”“谢谢”等。

3）能适当运用身体语言为顾客服务。

4）在操作全过程中，体现“顾客至上”的精神。

化妆师（五级）操作技能鉴定

试题评分表及答案

考生姓名：　　　　　　　　准考证号：

试题代码及名称		2.1.1　青年女性生活职业妆			考核时间			40 min		
评价要素		配分	等级	评分细则	评定等级					得分
					A	B	C	D	E	
1	化妆准备工作 （1）工作有条不紊 （2）物品摆放整齐合理 （3）化妆品及相关用品备齐 （4）模特妆前准备（头带、胸巾）	1	A	全部达到要求						
			B	一项达不到要求						
			C	两项达不到要求						
			D	三项达不到要求						
			E	差或未答题						
2	皮肤的修饰 （1）粉底修饰自然、真实，体现当前流行风格 （2）皮肤的修饰符合青年女性生活职业妆要求的肤色与肤质 （3）粉底涂抹均匀，肤质细腻 （4）肤色自然、健康	3	A	全部达到要求						
			B	一项达不到要求						
			C	两项达不到要求						
			D	三项达不到要求						
			E	差或未答题						
3	面部比例调整 （1）通过化妆技术合理调整面部基本比例，达到美的要求 （2）三庭五眼比例调整恰当 （3）面部基本比例调整恰当 （4）五官与面部比例匀称	2	A	全部达到要求						
			B	一项达不到要求						
			C	两项达不到要求						
			D	三项达不到要求						
			E	差或未答题						
4	脸形的修饰 （1）体现青年女性生活职业妆的真实感 （2）把握修饰尺度，不因矫正而失真 （3）自然，不生硬 （4）修饰技巧运用合理	3	A	全部达到要求						
			B	一项达不到要求						
			C	两项达不到要求						
			D	三项达不到要求						
			E	差或未答题						

续表

试题代码及名称		2.1.1　青年女性生活职业妆			考核时间		40 min			
评价要素		配分	等级	评分细则	评定等级					得分
					A	B	C	D	E	
5	眉的修饰 （1）自然，具有流行感 （2）对称 （3）流畅，浓淡适宜 （4）符合妆型及模特的特点	3	A	全部达到要求						
			B	一项达不到要求						
			C	两项达不到要求						
			D	三项达不到要求						
			E	差或未答题						
6	眼部修饰 （1）眼部色彩柔和、简洁 （2）眼线线条流畅，眼形完美 （3）睫毛刻画自然 （4）眼部修饰适合眼形	5	A	全部达到要求						
			B	一项达不到要求						
			C	两项达不到要求						
			D	三项达不到要求						
			E	差或未答题						
7	鼻部修饰 （1）符合对青年女性生活职业妆的刻画 （2）鼻影修饰不露痕迹 （3）修饰适度 （4）无生硬感	2	A	全部达到要求						
			B	一项达不到要求						
			C	两项达不到要求						
			D	三项达不到要求						
			E	差或未答题						
8	脸颊修饰 （1）腮红部位准确 （2）色彩柔和、自然 （3）与脸部色调统一 （4）适合脸形与气质	2	A	全部达到要求						
			B	一项达不到要求						
			C	两项达不到要求						
			D	三项达不到要求						
			E	差或未答题						
9	唇部修饰 （1）唇形完美 （2）唇形适合妆型 （3）唇色柔美、自然 （4）唇色与整体色调搭配协调	2	A	全部达到要求						
			B	一项达不到要求						
			C	两项达不到要求						
			D	三项达不到要求						
			E	差或未答题						

续表

<table>
<tr><td colspan="2">试题代码及名称</td><td colspan="3">2.1.1 青年女性生活职业妆</td><td colspan="3">考核时间</td><td colspan="2">40 min</td></tr>
<tr><td colspan="2" rowspan="2">评价要素</td><td rowspan="2">配分</td><td rowspan="2">等级</td><td rowspan="2">评分细则</td><td colspan="5">评定等级</td><td rowspan="2">得分</td></tr>
<tr><td>A</td><td>B</td><td>C</td><td>D</td><td>E</td></tr>
<tr><td rowspan="5">10</td><td rowspan="5">整体效果
（1）妆型定位准确
（2）突出青年女性生活职业妆的自然、真实
（3）局部与整体相协调，达到美的统一
（4）符合妆型及人物气质特点</td><td rowspan="5">5</td><td>A</td><td>全部达到要求</td><td rowspan="5"></td><td rowspan="5"></td><td rowspan="5"></td><td rowspan="5"></td><td rowspan="5"></td><td rowspan="5"></td></tr>
<tr><td>B</td><td>一项达不到要求</td></tr>
<tr><td>C</td><td>两项达不到要求</td></tr>
<tr><td>D</td><td>三项达不到要求</td></tr>
<tr><td>E</td><td>差或未答题</td></tr>
<tr><td rowspan="5">11</td><td rowspan="5">化妆结束工作
（1）为顾客整理衣物
（2）引领顾客离场
（3）清理工作台
（4）保持环境卫生</td><td rowspan="5">1</td><td>A</td><td>全部达到要求</td><td rowspan="5"></td><td rowspan="5"></td><td rowspan="5"></td><td rowspan="5"></td><td rowspan="5"></td><td rowspan="5"></td></tr>
<tr><td>B</td><td>一项达不到要求</td></tr>
<tr><td>C</td><td>两项达不到要求</td></tr>
<tr><td>D</td><td>三项达不到要求</td></tr>
<tr><td>E</td><td>差或未答题</td></tr>
<tr><td rowspan="5">12</td><td rowspan="5">个人仪表
（1）束发
（2）无发丝下垂
（3）化淡妆
（4）仪容仪表得体</td><td rowspan="5">1</td><td>A</td><td>全部达到要求</td><td rowspan="5"></td><td rowspan="5"></td><td rowspan="5"></td><td rowspan="5"></td><td rowspan="5"></td><td rowspan="5"></td></tr>
<tr><td>B</td><td>一项达不到要求</td></tr>
<tr><td>C</td><td>两项达不到要求</td></tr>
<tr><td>D</td><td>三项达不到要求</td></tr>
<tr><td>E</td><td>差或未答题</td></tr>
<tr><td rowspan="5">13</td><td rowspan="5">人际交流与沟通
（1）微笑待客
（2）使用礼貌用语“您好”“请”“谢谢”等
（3）能适当运用身体语言为顾客服务
（4）在操作全过程中，体现“顾客至上”的精神</td><td rowspan="5">5</td><td>A</td><td>全部达到要求</td><td rowspan="5"></td><td rowspan="5"></td><td rowspan="5"></td><td rowspan="5"></td><td rowspan="5"></td><td rowspan="5"></td></tr>
<tr><td>B</td><td>一项达不到要求</td></tr>
<tr><td>C</td><td>两项达不到要求</td></tr>
<tr><td>D</td><td>三项达不到要求</td></tr>
<tr><td>E</td><td>差或未答题</td></tr>
<tr><td colspan="2">合计配分</td><td>35</td><td colspan="7">合计得分</td><td></td></tr>
</table>

考评员（签名）：

等级	A（优）	B（良）	C（及格）	D（较差）	E（差或未答题）
比值	1.0	0.8	0.6	0.2	0

“评价要素”得分＝配分×等级比值。

化妆师（五级）操作技能鉴定

试　题　单

试题代码：2.2.1。

试题名称：生活时尚妆——天真可爱的时尚少女整体造型。

考核时间：50 min。

1. 操作条件

（1）常用化妆用品及工具。

（2）常用发型用品及工具。

（3）发饰品、服饰品、服装等。

（4）模特（女性）：面部未经化妆，发型自然。

2. 操作内容

（1）化妆准备工作。

（2）皮肤的修饰。

（3）面部比例调整。

（4）脸形的修饰。

（5）眉的修饰。

（6）眼部修饰。

（7）鼻部修饰。

（8）脸颊修饰。

（9）唇部修饰。

（10）整体效果。

（11）化妆结束工作。

（12）个人仪表。

（13）人际交流与沟通。

（14）主题思想表述

3. 操作要求

（1）化妆准备工作

1）工作有条不紊。

2）物品摆放整齐合理。

3）化妆品及相关用品备齐。

4）模特妆前准备（头带、胸巾）。

（2）皮肤的修饰

1）粉底修饰自然、真实，体现当前流行风格。

2）皮肤的修饰符合天真可爱时尚少女的肤色与肤质。

3）粉底涂抹均匀，肤质细腻。

4）肤色自然、健康。

（3）面部比例调整

1）通过化妆技术合理调整面部基本比例，达到美的要求。

2）三庭五眼比例调整恰当。

3）面部基本比例调整恰当。

4）五官与面部比例匀称。

（4）脸形的修饰

1）体现天真可爱时尚少女的真实感。

2）把握修饰尺度，不因矫正而失真。

3）自然，不生硬。

4）修饰技巧运用合理。

（5）眉的修饰

1）自然，具有流行感。

2）对称。

3）流畅，浓淡适宜。

4）符合妆型及模特的特点。

（6）眼部修饰

1）眼部色彩柔和、简洁。

2）眼线线条流畅，眼形完美。

3）睫毛刻画自然。

4）眼部修饰适合眼形。

（7）鼻部修饰

1）符合对天真可爱时尚少女的刻画。

2）鼻影修饰不露痕迹。

3）修饰适度。

4）无生硬感。

（8）脸颊修饰

1）腮红部位准确。

2）色彩柔和、自然。

3）与脸部色调统一。

4）适合脸形与气质。

（9）唇部修饰

1）唇形完美。

2）唇形适合妆型。

3）唇色柔美、自然。

4）唇色与整体色调搭配协调。

（10）整体效果

1）妆型定位准确。

2）突出天真可爱时尚少女的自然、真实。

3）局部与整体相协调，达到美的统一。

4）符合妆型及人物气质特点。

（11）化妆结束工作

1）为顾客整理衣物。

2）引领顾客离场。

3）清理工作台。

4）保持环境卫生

（12）个人仪表

1）束发。

2）无发丝下垂。

3）化淡妆。

4）仪容仪表得体。

（13）人际交流与沟通

1）微笑待客。

2）使用礼貌用语“您好”“请”“谢谢”等。

3）能适当运用身体语言为顾客服务。

4）在操作全过程中，体现“顾客至上”的精神。

（14）主题思想表述

1）口述完整的设计构思。

2）思路清晰，逻辑性强。

3）围绕主题，表达能力强。

4）用语专业，简洁明了。

化妆师（五级）操作技能鉴定

试题评分表及答案

考生姓名：　　　　　　　　准考证号：

<table>
<tr><td colspan="2">试题代码及名称</td><td colspan="3">2.2.1　生活时尚妆——
天真可爱的时尚少女整体造型</td><td colspan="3">考核时间</td><td colspan="3">50 min</td></tr>
<tr><td colspan="2" rowspan="2">评价要素</td><td rowspan="2">配分</td><td rowspan="2">等级</td><td rowspan="2">评分细则</td><td colspan="5">评定等级</td><td rowspan="2">得分</td></tr>
<tr><td>A</td><td>B</td><td>C</td><td>D</td><td>E</td></tr>
<tr><td rowspan="5">1</td><td rowspan="5">化妆准备工作
（1）工作有条不紊
（2）物品摆放整齐合理
（3）化妆品及相关用品备齐
（4）模特妆前准备（头带、胸巾）</td><td rowspan="5">1</td><td>A</td><td>全部达到要求</td><td rowspan="5"></td><td rowspan="5"></td><td rowspan="5"></td><td rowspan="5"></td><td rowspan="5"></td><td rowspan="5"></td></tr>
<tr><td>B</td><td>一项达不到要求</td></tr>
<tr><td>C</td><td>两项达不到要求</td></tr>
<tr><td>D</td><td>三项达不到要求</td></tr>
<tr><td>E</td><td>差或未答题</td></tr>
<tr><td rowspan="5">2</td><td rowspan="5">皮肤的修饰
（1）粉底修饰自然、真实，体现当前流行风格
（2）皮肤的修饰符合天真可爱时尚少女的肤色与肤质
（3）粉底涂抹均匀，肤质细腻
（4）肤色自然、健康</td><td rowspan="5">4</td><td>A</td><td>全部达到要求</td><td rowspan="5"></td><td rowspan="5"></td><td rowspan="5"></td><td rowspan="5"></td><td rowspan="5"></td><td rowspan="5"></td></tr>
<tr><td>B</td><td>一项达不到要求</td></tr>
<tr><td>C</td><td>两项达不到要求</td></tr>
<tr><td>D</td><td>三项达不到要求</td></tr>
<tr><td>E</td><td>差或未答题</td></tr>
<tr><td rowspan="5">3</td><td rowspan="5">面部比例调整
（1）通过化妆技术合理调整面部基本比例，达到美的要求
（2）三庭五眼比例调整恰当
（3）面部基本比例调整恰当
（4）五官与面部比例匀称</td><td rowspan="5">3</td><td>A</td><td>全部达到要求</td><td rowspan="5"></td><td rowspan="5"></td><td rowspan="5"></td><td rowspan="5"></td><td rowspan="5"></td><td rowspan="5"></td></tr>
<tr><td>B</td><td>一项达不到要求</td></tr>
<tr><td>C</td><td>两项达不到要求</td></tr>
<tr><td>D</td><td>三项达不到要求</td></tr>
<tr><td>E</td><td>差或未答题</td></tr>
<tr><td rowspan="5">4</td><td rowspan="5">脸形的修饰
（1）体现天真可爱时尚少女的真实感
（2）把握修饰尺度，不因矫正而失真
（3）自然，不生硬
（4）修饰技巧运用合理</td><td rowspan="5">3</td><td>A</td><td>全部达到要求</td><td rowspan="5"></td><td rowspan="5"></td><td rowspan="5"></td><td rowspan="5"></td><td rowspan="5"></td><td rowspan="5"></td></tr>
<tr><td>B</td><td>一项达不到要求</td></tr>
<tr><td>C</td><td>两项达不到要求</td></tr>
<tr><td>D</td><td>三项达不到要求</td></tr>
<tr><td>E</td><td>差或未答题</td></tr>
</table>

续表

试题代码及名称		2.2.1 生活时尚妆 天真可爱的时尚少女整体造型			考核时间			50 min		
评价要素		配分	等级	评分细则	评定等级					得分
					A	B	C	D	E	
5	眉的修饰 （1）自然，具有流行感 （2）对称 （3）流畅，浓淡适宜 （4）符合妆型及模特的特点	4	A	全部达到要求						
			B	一项达不到要求						
			C	两项达不到要求						
			D	三项达不到要求						
			E	差或未答题						
6	眼部修饰 （1）眼部色彩柔和、简洁 （2）眼线线条流畅，眼形完美 （3）睫毛刻画自然 （4）眼部修饰适合眼形	5	A	全部达到要求						
			B	一项达不到要求						
			C	两项达不到要求						
			D	三项达不到要求						
			E	差或未答题						
7	鼻部修饰 （1）符合对天真可爱时尚少女的刻画 （2）鼻影修饰不露痕迹 （3）修饰适度 （4）无生硬感	2	A	全部达到要求						
			B	一项达不到要求						
			C	两项达不到要求						
			D	三项达不到要求						
			E	差或未答题						
8	脸颊修饰 （1）腮红部位准确 （2）色彩柔和、自然 （3）与脸部色调统一 （4）适合脸形与气质	2	A	全部达到要求						
			B	一项达不到要求						
			C	两项达不到要求						
			D	三项达不到要求						
			E	差或未答题						
9	唇部修饰 （1）唇形完美 （2）唇形适合妆型 （3）唇色柔美、自然 （4）唇色与整体色调搭配协调	2	A	全部达到要求						
			B	一项达不到要求						
			C	两项达不到要求						
			D	三项达不到要求						
			E	差或未答题						

续表

<table>
<tr><td colspan="2">试题代码及名称</td><td colspan="3">2.2.1 生活时尚妆——
天真可爱的时尚少女整体造型</td><td colspan="3">考核时间</td><td colspan="3">50 min</td></tr>
<tr><td colspan="2" rowspan="2">评价要素</td><td rowspan="2">配分</td><td rowspan="2">等级</td><td rowspan="2">评分细则</td><td colspan="5">评定等级</td><td rowspan="2">得分</td></tr>
<tr><td>A</td><td>B</td><td>C</td><td>D</td><td>E</td></tr>
<tr><td rowspan="5">10</td><td rowspan="5">整体效果
(1) 妆型定位准确
(2) 突出天真可爱时尚少女的自然、真实
(3) 局部与整体相协调，达到美的统一
(4) 符合妆型及人物气质特点</td><td rowspan="5">7</td><td>A</td><td>全部达到要求</td><td rowspan="5"></td><td rowspan="5"></td><td rowspan="5"></td><td rowspan="5"></td><td rowspan="5"></td><td rowspan="5"></td></tr>
<tr><td>B</td><td>一项达不到要求</td></tr>
<tr><td>C</td><td>两项达不到要求</td></tr>
<tr><td>D</td><td>三项达不到要求</td></tr>
<tr><td>E</td><td>差或未答题</td></tr>
<tr><td rowspan="5">11</td><td rowspan="5">化妆结束工作
(1) 为顾客整理衣物
(2) 引领顾客离场
(3) 清理工作台
(4) 保持环境卫生</td><td rowspan="5">1</td><td>A</td><td>全部达到要求</td><td rowspan="5"></td><td rowspan="5"></td><td rowspan="5"></td><td rowspan="5"></td><td rowspan="5"></td><td rowspan="5"></td></tr>
<tr><td>B</td><td>一项达不到要求</td></tr>
<tr><td>C</td><td>两项达不到要求</td></tr>
<tr><td>D</td><td>三项达不到要求</td></tr>
<tr><td>E</td><td>差或未答题</td></tr>
<tr><td rowspan="5">12</td><td rowspan="5">个人仪表
(1) 束发
(2) 无发丝下垂
(3) 化淡妆
(4) 仪容仪表得体</td><td rowspan="5">1</td><td>A</td><td>全部达到要求</td><td rowspan="5"></td><td rowspan="5"></td><td rowspan="5"></td><td rowspan="5"></td><td rowspan="5"></td><td rowspan="5"></td></tr>
<tr><td>B</td><td>一项达不到要求</td></tr>
<tr><td>C</td><td>两项达不到要求</td></tr>
<tr><td>D</td><td>三项达不到要求</td></tr>
<tr><td>E</td><td>差或未答题</td></tr>
<tr><td rowspan="5">13</td><td rowspan="5">人际交流与沟通
(1) 微笑待客
(2) 使用礼貌用语“您好”“请”“谢谢”等
(3) 能适当运用身体语言为顾客服务
(4) 在操作全过程中，体现“顾客至上”的精神</td><td rowspan="5">5</td><td>A</td><td>全部达到要求</td><td rowspan="5"></td><td rowspan="5"></td><td rowspan="5"></td><td rowspan="5"></td><td rowspan="5"></td><td rowspan="5"></td></tr>
<tr><td>B</td><td>一项达不到要求</td></tr>
<tr><td>C</td><td>两项达不到要求</td></tr>
<tr><td>D</td><td>三项达不到要求</td></tr>
<tr><td>E</td><td>差或未答题</td></tr>
</table>

续表

试题代码及名称		2.2.1 生活时尚妆——天真可爱的时尚少女整体造型			考核时间		50 min			
评价要素		配分	等级	评分细则	评定等级					得分
					A	B	C	D	E	
14	主题思想表述 (1) 口述完整的设计构思 (2) 思路清晰，逻辑性强 (3) 围绕主题，表达能力强 (4) 用语专业，简洁明了	5	A	全部达到要求						
			B	一项达不到要求						
			C	两项达不到要求						
			D	三项达不到要求						
			E	差或未答题						
合计配分		45		合计得分						

考评员（签名）：

等级	A（优）	B（良）	C（及格）	D（较差）	E（差或未答题）
比值	1.0	0.8	0.6	0.2	0

“评价要素”得分＝配分×等级比值。